"十三五"职业教育规划教材

金属加工与实训——技能训练

主 编 李 捷
参 编 胥光蕙

机 械 工 业 出 版 社

本书按照教育部颁布的《中等职业学校金属加工与实训教学大纲》的要求，同时参考相关职业技能标准编写而成。

本书图文结合，知识讲解简洁、直观，将专业知识和操作技能有机地融为一体，突出针对性和实用性。本书由四个单元组成，包括钳工实训、车工实训、铣工实训、焊工实训。本书精选了最基本的钳工、车工、铣工、焊工操作技能，通过零件加工的实际案例，教会学生使用常用的工具、量具、刃具并掌握具体的加工方法，了解设备的操作方法。本书注重培养学生的动手能力，使学生能够掌握钳工、车工、铣工、焊工的基本操作，并能进行机械加工。

本书适合作为中等职业学校专业技能课的教材，也可作为企业技术人员的培训用书。

图书在版编目（CIP）数据

金属加工与实训：技能训练/李捷主编 . —北京：机械工业出版社，2016.9

"十三五"职业教育规划教材

ISBN 978-7-111-54453-1

Ⅰ.①金…　Ⅱ.①李…　Ⅲ.①金属加工—中等专业学校—教材

Ⅳ.①TG

中国版本图书馆 CIP 数据核字（2016）第 179782 号

机械工业出版社（北京市百万庄大街22号　邮政编码100037）
策划编辑：王佳玮　责任编辑：王佳玮　韩　冰
封面设计：张　静　责任校对：张　薇
责任印刷：常天培
北京机工印刷厂印刷（三河市南杨庄国丰装订厂装订）
2017 年 1 月第 1 版第 1 次印刷
184mm×260mm · 10 印张 · 176 千字
0 001—2 000 册
标准书号：ISBN 978-7-111-54453-1
定价：27.00 元

凡购本书，如有缺页、倒页、脱页，由本社发行部调换

前　　言

"金属加工与实训"是中等职业学校机械类及工程技术类相关专业的一门基础课程。本书按教育部颁布的《中等职业学校金属加工与实训教学大纲》的要求编写而成，分为基础常识和技能训练两册。本书包含学生必须掌握的钳工、车工、铣工、焊工的基本操作技能和常用的工具、量具、刀具的使用方法，是生产一线机械加工制造技术人员及其管理人员必须掌握的实用技术基础知识，为继续学习后续专业技术和今后解决生产实际问题，以及职业生涯的发展奠定基础。

本书力求突出以下特色：

一、凸显基于新课程标准的专业课改要求

本书根据教育部最新颁布的专业课课程标准编写，凸显中职专业课改要求，切实将专业课程标准贯彻在课程内容中，生产过程的知识与技能融于教学过程，以教学项目为核心，重构理论与实践知识，让学生在"做"的过程中体验、感悟专业知识和技能，并着力体现岗位综合职业素养要求，注重学生学习兴趣的培养，充分体现"以学生为主体"的教学理念。

二、任务驱动、理实一体的课程内容重构

在内容编排上，本书贯彻任务驱动、理实一体的教学理念，解构学科体系，以应用为核心，紧密联系生产实际，并进行课程内容重构，其中理论以适用、实用、够用为度，操作步骤、注意事项、维护保养，以及职业素养要求明确、具体，力求做到学以致用。

三、基于学生学习习惯和学习兴趣的版面呈现

编者在编写过程中充分考虑中职教学实践和中职学生的学习习惯、学习兴趣，将内容分成四个单元，包含适应相关专业学习和满足学生个性发展需要的选学内容。在单元中又以项目的形式呈现，每个项目通过学习目标、项目描述、知识链接、项目实施、项目总结、知识拓展以及项目评价等环节呈现。形式上大量采用图片，通过以图解文的方式，吸引学生先于教的学习，适合边做边学，充分激发学生的学习兴趣，从而进一步改善学生的学习习惯。

本书共四个单元，参考学时为 6 周。各单元和项目参考学时见下表：

实训单元	单元名称	教学内容	建议实训时长
单元一	钳工实训	钳工的安全文明操作规程	1.5 周
		划线	
		锯削	
		锉削	
单元二	车工实训	车床的操作与维护	2 周
		车刀的刃磨与安装	
		车削加工的基本操作	
单元三	铣工实训	铣床的操作与维护	1.5 周
		铣削加工的基本操作	
单元四	焊工实训	焊工的安全文明操作规程	1 周
		焊条电弧焊	

本书由李捷担任主编，胥光蕙参与了本书的编写。由于编者水平有限，书中难免有误，敬请广大读者批评指正。

编　者

目　　录

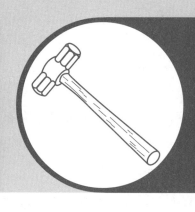

单元一 钳工实训

单元综述

　　本单元主要介绍钳工基本操作知识和相关工具，学生通过三个项目的技能训练及实践，可掌握中级钳工的知识和技能，达到相应的国家职业资格水平。

项目一　　钳工的安全文明操作规程

学习目标

掌握钳工的安全文明操作规程。

项目描述

　　在实习训练中首先要注意的是安全问题。预防安全事故、消除隐患，正确的设备使用与维护方法是实习过程的重中之重，因此在进行钳工实习前，必须熟悉安全操作规程。

知识链接

　　学生作为技术工人的人员储备，首先必须具备良好的安全操作习惯和意识，从而养成良好的工作态度。钳工安全操作规程的要点如下：

1）工作前检查工具、夹具、量具，如锤子、钳子、锉刀、游标卡尺等，确保其完好无损，锤子前端不得有卷边毛刺，锤头与锤柄不得松动。

2）工作前必须穿戴好防护用品，工作服袖口、衣边应符合要求，长发要挽入工作帽内。

3）禁止使用缺少手柄的锉刀、刮刀，以免伤手。

4）用锤子敲击时，注意工位前后是否有人，不许戴手套操作，以免锤子滑脱伤人；不准将锉刀当锤子或撬杠使用。

5）不准把扳手、钳类工具当锤子使用；活扳手不能反向使用，不准在扳手中间加垫片使用。

6）不准将台虎钳当砧和磴使用；不准在台虎钳手柄上加长管或用锤子敲击的方式来增大夹紧力。

7）实训室严禁吸烟，注意防火。

8）工具、零件等不能放在窗口，下班时要锁好门窗，以防失窃。

9）实训过程中，要严格遵守各项实训规章制度和操作规范，严禁用工具与他人打闹。

? 提 示

1）严禁在车间内打闹。一些不经意的恶作剧或玩笑可能会给自己和他人带来严重的伤害。

2）如果在实习时不慎受伤，应尽快向实习教师报告，不要擅自处理。

项 目 实 施

安全文明实习是现场管理的一项十分重要的内容，它直接影响产品的质量，影响设备和工具、夹具、量具的使用寿命，影响操作工人技能的发挥。所以在开始学习基本操作技能时，就要重视培养文明生产的良好习惯。

1. 熟悉实习场地和设备

1）钳工实习场地一般分为钳工工位区、台钻区、划线区和刀具刃磨区等区域。

2）钳工实习的主要设备有台钻、平口钳、台虎钳、砂轮机、划线平板和钳工工作台等，如图1-1所示。

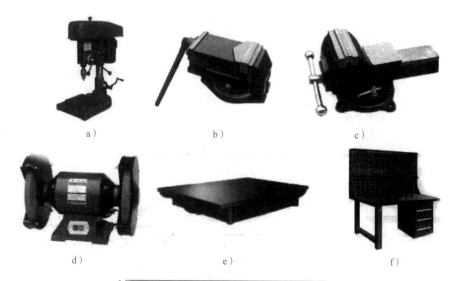

图 1-1 钳工实习场地中的主要设备

a）台钻 b）平口钳 c）台虎钳 d）砂轮机 e）划线平板 f）钳工工作台

2. 工具、量具的摆放

工作时，钳工工具一般放在台虎钳的右侧，量具放在台虎钳的正前方。

1）工具、量具不得混放。

2）摆放时，工具的柄部不得超出钳工工作台面，以免被碰落而砸伤人员或损坏。

3）工具应平行摆放，并留有一定的间隙。

4）量具应平行摆放在量具盒上。

3. 钳工常用的工具

（1）锤子 锤子分为硬锤头和软锤头两类。前者一般为钢制，后者一般由铜、塑料、铅、木材等材料制成。常见锤子的种类如图 1-2 所示。

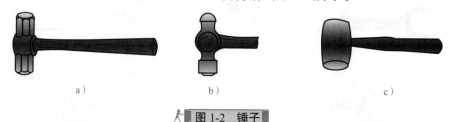

图 1-2 锤子

a）扁头锤 b）圆头锤 c）木锤

锤头的软硬要根据工件材料及加工类型来选择。例如，錾削时使用硬锤头，装配和调整时一般使用软锤头。

（2）螺钉旋具 螺钉旋具（图 1-3）主要用于旋紧或松脱螺纹连接件。

图 1-3 部分螺钉旋具

a）一字螺钉旋具 b）十字螺钉旋具 c）曲柄螺钉旋具

要根据螺钉的尺寸选择螺钉旋具的刀口宽度，如图 1-4 所示，否则易损坏螺钉旋具或螺钉。

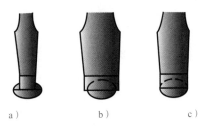

图 1-4 螺钉旋具的使用宽度

a）刀口宽度太窄 b）刀口宽度太宽 c）刀口宽度合适

（3）扳手 扳手（图 1-5）主要用于旋紧或松脱螺栓和螺母等零部件。根据工作性质选用适合的扳手，尽量使用呆扳手，少用活扳手。

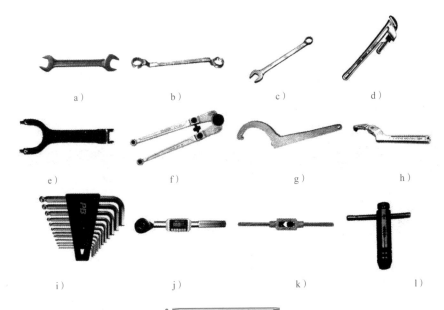

图 1-5 各种扳手

a）呆扳手 b）梅花扳手 c）组合式扳手 d）管子钳 e）U形缩紧扳手 f）可调U形扳手
g）钩头缩紧扳手 h）可调钩头缩紧扳手 i）内六角扳手 j）指针式扭力扳手 k）普通铰杠 l）丁字铰杠

（4）钳子　钳子（图1-6）主要用来夹持工件。

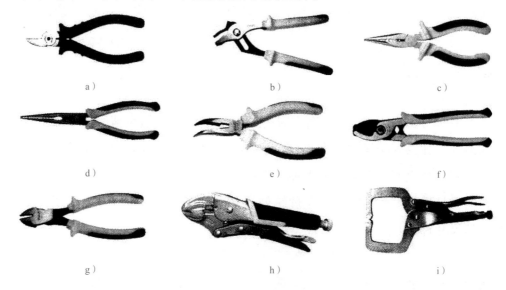

a）　　　　　　　　　　b）　　　　　　　　　　c）

d）　　　　　　　　　　e）　　　　　　　　　　f）

g）　　　　　　　　　　h）　　　　　　　　　　i）

图1-6　各种钳子

a）鱼嘴钳　b）水泵钳　c）圆头尖嘴钳　d）直尖嘴钳　e）弯尖嘴钳　f）克丝钳　g）剪钳　h）大力钳　i）C形钳口大力钳

项 目 总 结

熟悉安全生产操作规程、场地和工量具，能够正确地进行安全文明生产操作。

项 目 评 价

项目评价表见表1-1。

表1-1　安全操作规程项目评价表

序号	工 作 内 容		配分	完 成 情 况	自评分
1	熟悉安全操作规程		30		
2	培养安全生产习惯	操作前	15		
		操作中	15		
		操作后	15		
3	职业素质		15		
4	安全文明操作		10		
5	教师评价		存在的问题： 改进措施： 指导教师：　　　　年　月　日		

项目二　划　　线

学习目标

在钳工实习操作中，加工工件是从划线开始的，所以划线精度是保障工件加工精度的前提，如果划线误差太大，会造成整个工件报废，因此划线应该按照图样的要求，在零件的表面上准确地划出加工界限。

本项目是进行平面划线训练，理解划线基准的重要性，熟练使用划线工具并掌握必要的尺寸计算。

项目描述

在 3mm × 500mm × 400mm 的平整钢板上作图，图形布置如图 1-7 所示。

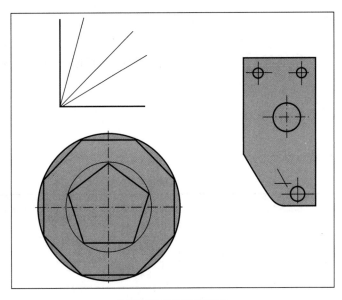

图 1-7　图形布置

作图要求如下：

1）用几何作图法进行角度划线，如图 1-8 所示。作出 90°线、30°线、45°线、75°线，角度边长 120mm，不标注尺寸，保留必要的作图线。

2）用几何作图法五等分圆周、用计算法八等分圆周划线，并在等分点打上样冲眼，如图 1-9 所示，不标注尺寸，保留必要的作图线。

3）样板划线。如图 1-10 所示，划出轮廓线和必要的线条，标注尺寸，圆心打上样冲眼。

4）三个图的线条不允许重合。

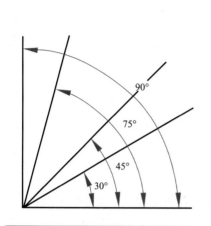

图 1-8　用几何作图法进行角度划线

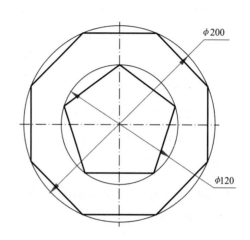

图 1-9　样冲眼

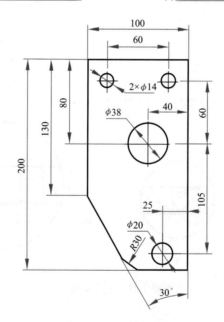

图 1-10　样板划线

知 识 链 接

划线分为平面划线和立体划线两类。平面划线是指在工件的一个表面（即工件的二维坐标系内）上划线就能表示出加工界线的划线；立体划线是指在工件的几个不同表面（即工件的三维坐标体系内）上划线，以明确表示出加工界线。

1. 划线的要求及作用

划线的基本要求是线条清晰均匀，定形、定位尺寸准确，一般要求划线精度达到 0.25~0.5mm。在立体划线中还应注意使长、宽、高三个方向的线条互相垂直。应当注意，工件的加工精度（尺寸、形状精度）不能完全由划线确定，而应在加工过程中通过测量来保证。

划线的主要作用有以下几点：

1）确定工件的加工余量，使加工有明显的尺寸界限。

2）在机床上装夹复杂工件时，可按划线找正定位。

3）能及时发现和处理不合格的毛坯。

4）当毛坯误差不大时，可以采用借料划线的方法来补救，从而提高毛坯的合格率。

2. 划线前的准备

1）清理工件。

2）检查工件。

3）对工件进行涂色。

4）工件孔装中心塞块，如图 1-11 所示。

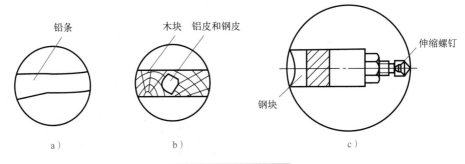

图 1-11　中心塞块

a）铅塞块　b）木塞块　c）可调塞块

3. 划线基准的选择

划线时用来确定零件上其他点、线、面位置的依据，称为划线基准。

选择划线基准的原则有以下几点：

1）选择零件毛坯上与加工部位有关，而且比较直观的面（如凸台、对称中心等）作为划线基准。

2）尽可能使划线基准和设计基准重合。

3）当工件上有已加工表面时，就以已加工表面为划线基准；如果都是毛坯表面，应以较平整的大平面作为划线基准，但只能在首次划线时使用。

划线时，在工件的每一个方向都需要选择一个划线基准，因此平面划线一般选择两个划线基准；立体划线一般选择三个划线基准。

4. 划线找正与借料

（1）找正　所谓找正，就是利用划针盘和角尺等划线工具，通过调节支承工具，使毛坯表面处于合适的位置。

找正时应注意以下问题：

1）当工件上有不加工表面时，应按不加工表面找正后再划线，这样可使加工表面与不加工表面之间保持尺寸均匀。

2）当工件上有两个以上的不加工表面时，应选重要的或较大的不加工表面作为找正依据，并兼顾其他不加工表面，这样可使划线后加工表面与不加工表面之间尺寸比较均匀。

3）当工件上没有不加工表面时，通过对各加工表面自身位置的找正后再划线，可使各加工表面的加工余量得到合理分配。

（2）借料　当铸件和锻件毛坯形状复杂时，毛坯制件常会产生尺寸、形状和位置方面的缺陷，当按照正常基准进行划线时，就会出现某些部位加工余量不够的问题，这时就要用借料的方法进行补救。

借料的一般操作步骤如下：

1）测量工件的误差情况，找出偏移部位和测出偏移量。

2）确定借料方向和大小，合理分配各部位的加工余量，划出基准线。

3）以基准线为依据，按图样要求依次划出其余各线。

5. 划线表面处理

为了使所划的线清晰、容易辨认，操作前首先要清理、清洁划线表面，将划线表面涂色，具体内容见表1-2。

表1-2　常用涂料的配方和应用场合

名　称	配　料	应用场合
石灰水	石灰水加适量牛皮胶	大中型铸件和锻造毛坯
龙胆紫	品紫（2%～4%）+漆片（3%～5%）+酒精（91%～95%）	已加工表面
硫酸铜溶液	100g 水中加入 1～1.5g 硫酸铜和少许硫酸	形状复杂的工件或已加工表面

项 目 实 施

1. 准备材料

准备3mm×500mm×400mm的平整钢板，检查钢板并清理划线表面，如图1-12所示。

图1-12 清理钢板表面

2. 合理布局

根据尺寸要求将钢板分成三部分，避免因图形布局不合理而造成图形重合，如图1-13所示。

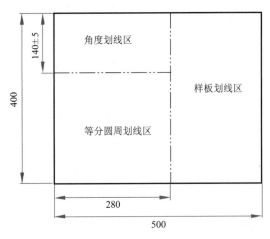

图1-13 钢板划分

3. 角度划线（不标注尺寸，保留必要的作图线）

需用工具：300mm钢直尺、150mm划规、划针、样冲、锤子。

1）用钢直尺和划针划出一条直线。

2）用作图法划90°垂线。为了使圆规能更好地定位，在圆心处打样冲。划法如图 1-14 所示。

3）用划规划出 30° 线、45° 线、75° 线。划法如图 1-15 所示。

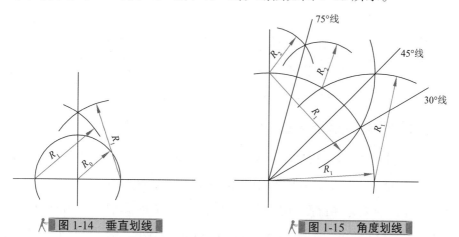

图 1-14　垂直划线　　　　　图 1-15　角度划线

4. 等分圆周（不标注尺寸，保留必要的作图线）

需用工具：计算器、300mm 钢直尺、划针、150mm 划规、样冲、锤子。

1）在钢板相应部位划互相垂直的中心基准线，如图 1-16 所示。

2）在中心线交点处锤击样冲眼，划 ϕ120mm、ϕ200mm 同心圆，直径误差应小于 0.1mm。

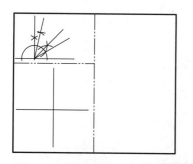

图 1-16　划互相垂直的中心基准线

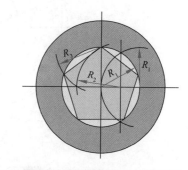

图 1-17　等分 ϕ120mm 圆

3）按要求用作图法五等分 ϕ120mm 圆，如图 1-17 所示。

①按图示步骤作 $R_1 \rightarrow R_2 \rightarrow R_3$，$R_3$ 为五边形边长。

②在等分点位置打上样冲眼。划线时要注意划规取线准确，累积误差应小于 0.5mm。

4）按要求用计算法八等分 ϕ200mm 圆。

①先求出每一等分的圆心角，即 360°/8=45°，如图 1-18 所示。

②根据图示 AB=100mm × sin22.5°=38.27mm，如图 1-19 所示。

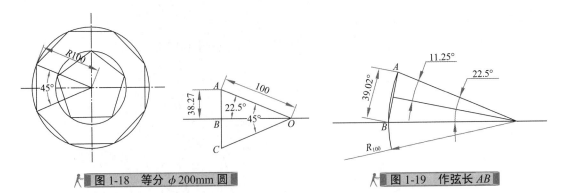

图 1-18　等分 φ200mm 圆　　　　图 1-19　作弦长 AB

③八等分边长 $AC=R_4$=38.27mm×2=76.54mm，四等分边长为 100mm×1.4142 =141.42mm，计算 22.5° 弦长 AD=2×100mm×sin11.25°=39.02mm。

④由于图形与要求相符，用划规由水平基准 B 点截取 39.02mm（取 39mm）得到 A 点。然后将弦长 141.42mm（取 141.4mm）四等分，再将 76.54mm（取 76.5mm）八等分。此种分法的目的是减小误差，提高精度，如图 1-20 所示。

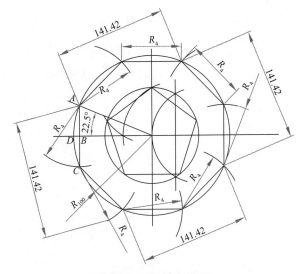

图 1-20　等分弦长

⑤划线要细心，截取尺寸各点时要点与点重合、首尾重合，误差应小于 0.5mm。

⑥在等分点位置打样冲眼。

5. 样板划线（不标注尺寸，保留必要的作图线）。

需用工具：300mm 钢直尺、划针、150mm 划规、样冲、锤子。

根据分析得出划线样板的基准除了互相垂直的外轮廓线外，还有点 O_1、O_2、O_3、O_4 作为基准。划线时找到这些基准，就可以很快划出图了。

（1）划出基准（图 1-21）　根据图示划出互相垂直的外轮廓基准线（图中用粗

实线表示）。

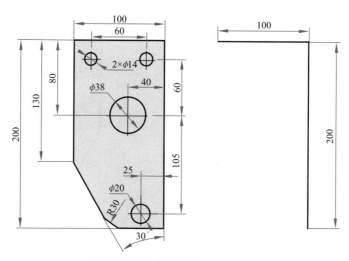

图 1-21 划出外轮廓基准线

（2）找圆心（图 1-22）

1）划 ϕ38mm 圆的圆心。

2）划 2×ϕ14mm 圆的圆心。

3）划 ϕ20mm 圆的圆心。

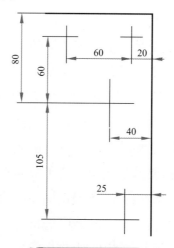

图 1-22 找圆心

（3）划轮廓线（图 1-23）

1）划与两基准平行的轮廓线。

2）划 30° 角度线。

3）找 R30mm 的圆心，划 R30mm 的圆弧。

（4）完成样板划线 分别完成样板 2×ϕ14mm、ϕ38mm 和 ϕ20mm 的划线，

如图 1-24 所示。

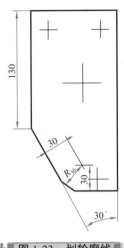

图 1-23 划轮廓线

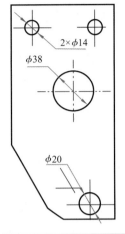

图 1-24 完成样板划线

6. 复检各线条尺寸

项 目 总 结

平面划线是立体划线的基础。

划线时不仅要规范地使用工具、量具，而且还要严格地控制点、线、面的尺寸精度。特别是作为基准的点、线、面有误差，将会影响其他线条的精准度，因为所有的尺寸和点、线、面的位置都是以基准为依据的。

本次平面划线任务的侧重点主要有以下几点：

1）角度划线主要应注意在几何作图中的划线精度问题，划规的规脚与圆心位置的重合度直接影响角度的准确性，重合度越高，角度越准确。

2）等分圆周时，需要精确地划图，工程上的角度一般都以尺寸的方式表示，所以用三角函数计算角度时需要灵活运用，为了提高划图的精度，需要从多方面对尺寸进行运算和核算，同时也检验了尺寸的正确性。为了消除尺寸的累积误差，划分尺寸时应以总尺寸、分尺寸到小尺寸的顺序进行。

3）样板划线要注意基准和基准点在划线中的重要性，以及圆弧过渡方面的加减半径找圆心的方法。

4）通过本次划线训练和知识拓展的内容，思考划线基准和找正之间的联系。

知 识 拓 展

工量具的正确使用可以使作图更准确，尺寸误差小，曲线过渡平顺，图形精度高。在运用作图法时也要练习用三角函数计算角度、尺寸的方法。

除了计算器外，还需要划针、划规、钢直尺、锤子、样冲等工具。这些工具若使用不正确会产生划图精度误差。

划线的工具（图1-25）与使用方法介绍如下：

1）基准工具。划线平板又称为划线平台，是划线操作中最主要的基准工具。

2）支承夹持工具。包括V形铁、垫铁、角铁、方箱、千斤顶等。

3）划线工具。包括划针、划规、划卡、划针盘、样冲等。

4）划线量具。包括钢直尺、游标高度卡尺、游标万能角度尺、直角尺等。

a）   b）

图1-25 划线的工具

a）角铁 b）V形铁

1. 钢直尺

钢直尺是一种简单的尺寸量具，在尺面上刻有尺寸刻线，最小刻线距离为0.5mm，它的长度规格有150mm、300mm、500mm、1000mm等多种。主要用来量取尺寸、测量工件，也可以作为划直线的导向工具，如图1-26所示。

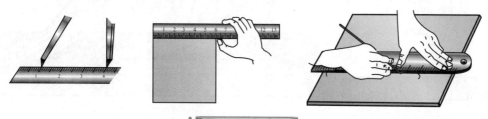

图1-26 钢直尺

2. 划线平板

划线平板由铸铁制成，工作表面经过刮削加工，可作为划线时的基准平面。图1-27所示为铸铁平板和花岗岩平板。

图 1-27　划线平板

a）铸铁平板　b）花岗岩平板

划线平板的使用注意事项如下：

1）划线平板放置时应使工作表面处于水平位置。

2）平板工作表面应保持清洁。

3）工件和工具在平板上应轻拿轻放，不可损伤平板的工作表面。

4）不可在平板上进行敲击作业。

5）用完后要擦拭干净，并涂上机油防锈。

3. 划针

划针是用直径为 3~5mm 的工具钢或是头部焊接硬质合金磨削成 15°~20° 锥状尖角而制成的。使用划针划线时需注意的事项如图 1-28 所示。

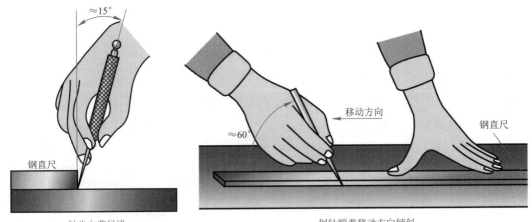

针尖向着尺缘

划针顺着移动方向倾斜

图 1-28　使用划针

4. 样冲

样冲的正确使用方法如图 1-29 所示，使用样冲时首先按照图示轻轻敲击，形成一个较浅的样冲眼，观察其是否对正中心，若歪斜可及时校正。

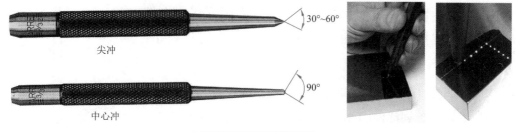

图 1-29　使用样冲

样冲的使用注意事项如下：

1）样冲刃磨时应防止过热退火。

2）打样冲眼时冲尖应对准所划线条的正中。

3）样冲眼间距视线条长短曲直而定，线条长且直时，间距可大些，短而曲时间距则应小些，交叉、转折处必须打上样冲眼。

4）样冲眼的深浅视工件表面粗糙度而定，表面光滑或薄壁工件的样冲眼打得浅些，粗糙表面打得深些，精加工表面禁止打样冲眼。

5. 划规

划规用来划圆弧、等分线段、等分角度和量取尺寸等，如图 1-30 所示。

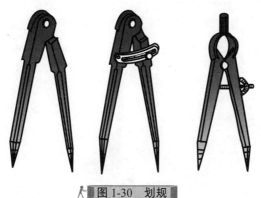

图 1-30　划规

划规的使用注意事项如下：

1）用划规划圆时，作为旋转中心的一脚应施加较大的压力，同时向另一脚施加较轻的压力在工件表面划线。

2）划规两脚的长短应磨得稍有不同，且两脚合拢时脚尖应能靠紧，这样才能划出较小的圆。

3）为保证划出的线条清晰，划规的脚尖应保持尖锐。

6. 划针盘

划针盘用来在划线平板上对工件进行划线或找正工件在平板上的位置。划针的直头用于划线，弯头用于找正，如图 1-31 所示。

划针盘的使用注意事项如下：

1）用划针盘划线时，划针伸出夹紧装置以外不宜太长，并要夹紧牢固，防止松动且应尽量接近水平位置夹紧划针。

2）划针盘底面与平板接触面均应保持清洁。

3）拖动划针盘时应紧贴平板工作面，不能摆动、跳动。

4）划线时，划针与工件划线表面的划线方向保持 40°~60° 的夹角。

图 1-31　划针盘

7. 游标高度卡尺

游标高度卡尺（又称划线高度尺）由尺身、游标、划针脚和底盘组成，能直接表示出高度尺寸，其分度值一般为 0.02mm，一般作为精密划线工具使用，其结构与使用如图 1-32 所示。

游标高度卡尺的使用注意事项如下：

1）游标高度卡尺作为精密划线工具，不得用于粗糙表面的划线。

2）用完以后应将游标高度卡尺擦拭干净，涂油装盒保存。

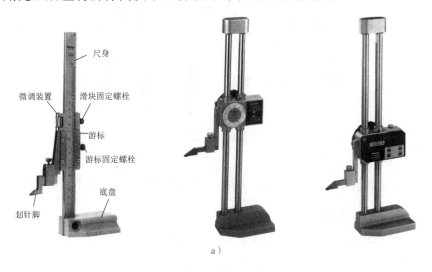

尺身
微调装置
滑块固定螺栓
游标
游标固定螺栓
底盘
划针脚

a）

图 1-32　游标高度卡尺的结构与使用

a）游标高度卡尺的结构

划针脚置于平板上做归零检查

锁紧滑块固定螺栓

划针脚略上调，锁紧滑块固定螺栓

微调

转动微调装置，使划针脚到达正确高度

移动高度规

基准面

移动游标高度卡尺且适度施力，划出平行线

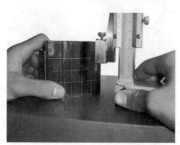

游标高度卡尺划垂直线

用 V 形铁辅助划出有角度的线条

b）

图 1-32　游标高度卡尺的结构与使用（续）

b）游标高度卡尺的使用

8．直角尺

直角尺在划线时用作划垂直线或平行线的导向工具，也可用于找正工件表面在划线平板上的垂直位置，如图 1-33 所示。

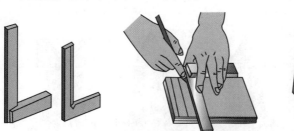

图 1-33　直角尺

9. 游标万能角度尺

游标万能角度尺是测量角度的量具，如图 1-34 所示。角度划线除使用游标万能角度尺外，也可用三角形直角尺来划角度线。

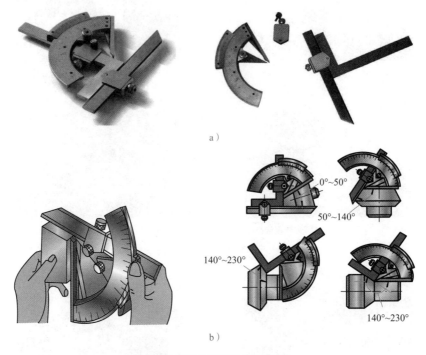

a）

b）

图 1-34　游标万能角度尺

a）结构　b）应用

10. 千斤顶

千斤顶（图 1-35）是用来支承毛坯或形状不规则的工件进行立体划线的工具。它可调整高度，以便安装不同形状的工件。千斤顶还可用来调整工件的水平度。

一般在工件较厚重的部位放两个千斤顶，较轻的部位放一个千斤顶。工件的支承点尽量不要选择在容易发生滑移的地方。必要时，须附加安全措施，如在工件上面用绳子吊住或在工件下面加辅助垫铁，以防工件滑倒。调整高度时，应用调整棒调整，严禁用手转动。

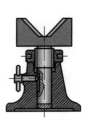

图 1-35　千斤顶

11. 斜垫铁

斜垫铁又称楔铁（图 1-36），是用来支承和垫高毛坯或工件的工具，能对工件的高低位置做少量的调节。一般用中碳钢经刨削加工制成，斜度约为 15°，可两件对合使用或配合垫铁使用。对某些大型毛坯件划线时，在不宜使用千斤顶的情况下，使用斜垫铁比较可靠。

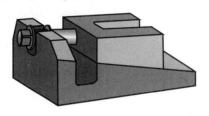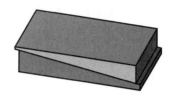

图 1-36 斜垫铁

项 目 评 价

项目评价表见表 1-3。

表1-3 平面划线项目评价表

序号	项 目 任 务		配分	评 分 标 准	自评	得分
1	角度划线	基准准确	5	误差超过 0.5mm 不得分		
2		划线步骤正确	5	漏线、错线不得分		
3		角度准确	10	角度线每偏差 1° 扣 2 分		
4	等分圆周	基准准确（ϕ200mm、ϕ120mm）	2×4	误差超过 0.5mm，每处扣 4 分		
5		五边形作图步骤正确	4	漏线、错线不得分		
6		作图尺寸准确	8	尺寸偏差超过 0.5mm 每处扣 2 分		
7	样板划线	基准准确	7×3	误差超过 0.5mm 不得分		
8		尺寸准确	18	尺寸偏差超过 0.5mm 每处扣 2 分		
9		图线连接圆滑	6	图线连接偏差超过 0.2mm，每处扣 2 分		
10	职业素质	团队合作	5	有违反规定的行为视情节严重程度扣 1 ~ 5 分		
11		遵守纪律	5	有违反规定的行为视情节严重程度扣 1 ~ 5 分		
12		迟到早退	5	有迟到早退现象扣 5 分		
13	安全文明操作			操作期间遵守安全秩序，违反规定视情况扣 5~10 分		
	自评总分					
教师评价				得分：		

项目三　锯　削

学习目标

用手锯对材料或工件进行切断或切槽等加工的方法称为锯削。利用机械锯进行加工，则不属于钳工的工作范围。手工锯削是钳工要掌握的最基本的技能之一，划线之后的粗加工往往是锯削工序，所以锯削工序的质量好坏将影响后续加工的难易程度。

了解手工锯削工艺，掌握锯削的基本操作，理解操作中锯削的工艺余量。

项目描述

一块尺寸为 10mm × 70mm × 110mm 的钢板，经过划线、手工锯割等工序，形成锯缝满足一定尺寸要求的工件。锯削练习尺寸图如图 1-37 所示。

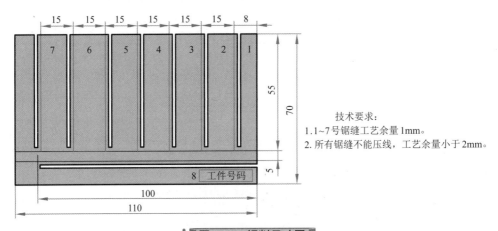

技术要求:
1. 1~7号锯缝工艺余量1mm。
2. 所有锯缝不能压线，工艺余量小于2mm。

图 1-37　锯削尺寸图

用划针按照图示尺寸在 10mm × 70mm × 110mm 的钢板划出线条，作为锯割和检测基准线。锯削顺序按照图示序号进行，注意工艺余量要符合技术要求。

知识链接

锯削安全操作的要求如下:

1）工件装夹要牢固，即将被锯断时，要防止断料掉下，同时防止用力过猛，手撞到工件或台虎钳上受伤。

2）注意工件、锯条安装正确，起锯方法、起锯角度正确，以免一开始锯削就造成废品和锯条损坏。

3）要适时注意锯缝的平直情况，发现问题后及时纠正。

4）在锯削钢件时，可加些机油，以减少锯条与锯削断面的摩擦并冷却锯条，提高锯条的使用寿命。

5）要防止锯条折断后弹出锯弓伤人。

6）锯削完毕，应将锯弓上张紧螺母适当放松，并将其妥善放好。

项目实施

1. 准备工具、量具、材料

准备 10mm × 70mm × 110mm 钢板、锯弓、适量锯条、300 mm 钢直尺和划针等。

2. 选用场地和设备

选择工作台、台虎钳等，如图 1-38 所示，台虎钳钳口高度约与操作者的手肘同高。

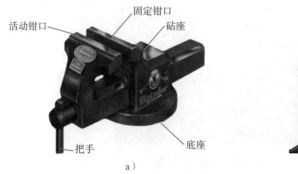

a）　　　　　　　　　　　　　　　　　b）

图 1-38　台虎钳结构和安装高度

a）台虎钳　b）台虎钳的高度

3. 操作步骤

1）准备 10mm × 70mm × 110mm 的钢板，去掉钢板周边毛刺，清理表面。

2）用钢直尺、游标高度卡尺（或划针盘）、划针按图 1-39 所示尺寸正反面划线。

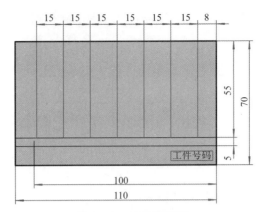

15 15 15 15 15 15 8

55 70

工件号码

5

100

110

图 1-39　划线尺寸

为保证正反面划线的一致性，用游标高度卡尺进行立体划线，如图 1-40 所示。

图 1-40　立体划线

换面划线如图 1-41 所示。

图 1-41　换面划线

3）夹持工件。

①工件一般应夹持在台虎钳的左面，以便操作。

②工件伸出钳口不应过长，防止工件在锯削时产生振动（应保持锯缝距离钳口侧面 20mm 左右）。

③锯缝线要与钳口侧面保持平行，便于控制锯缝不偏离划线线条。

④夹紧要牢固，同时要避免将工件夹变形或夹坏已加工表面。

4）安装锯条、调整锯弓。

①安装锯条。锯齿倾斜方向朝前，如图 1-42 所示。

图 1-42 安装锯条

a）正确 b）错误

②调整锯弓。旋紧张紧螺母以绷紧锯条，松紧程度适中。过松的锯条锯削时会弯曲，锯缝容易歪斜；过紧的锯条锯削时，锯条容易崩断。

5）起锯。

①起锯有远起锯和近起锯两种，操作方法如图 1-43 所示。起锯角度过大会撞断锯齿。

②注意观察竖排 1~5 线的起锯位置在右侧，6、7 线的起锯位置在左侧，如图 1-44 所示。

③起锯形成锯槽后就可以进行锯削操作了。

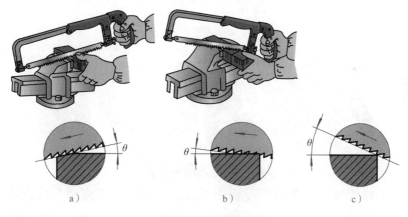

图 1-43 起锯

a）远起锯 b）近起锯 c）起锯错误

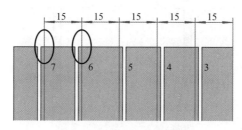

图 1-44 左侧起锯位置

6）锯削操作。

①手锯握法为右手满握锯柄，左手轻扶在锯弓前端，如图 1-45 所示。

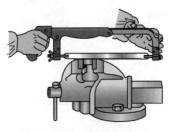

图 1-45　锯削姿势

②锯削时的站立位置和身体摆动姿势如图 1-46 所示，注意摆动要自然。

③锯削操作时，推力与压力由右手控制，左手主要配合右手扶正锯弓，注意压力不要过大。

④手锯推出时为切削行程，应施加压力，返回行程时不切削，不施加压力做自然拉回。工件将锯断时，右手施加的压力要小，避免压力过大时锯条断裂会伤及人身。

⑤锯削速度不易过快，锯削过快人容易疲劳、锯条也易磨损，同时影响锯削质量。锯削速度以 50 次 /min 左右为宜。

图 1-46　锯削姿势

7）锯缝歪斜的修正。在锯削过程中要注意观察锯条平面要与检查线（切割线）平行（重合），锯缝如有歪斜倾向及时向反方向倾斜锯条锯削，形成锯槽后，摆正锯条与检查线平行进行锯削以修正锯缝，如图 1-47 所示。

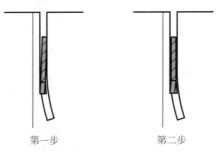

第一步　　　　　　　　　第二步

图 1-47　锯缝歪斜修正

8）锯削8号线。当锯缝的深度超过锯弓的高度时，应将锯条转过90°重新装夹，使锯弓转到工件的旁边。竖排8号线锯削长度有100mm，在锯弓高度不足时可采用图1-48所示的方式锯削。

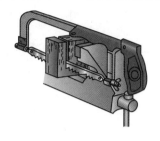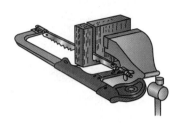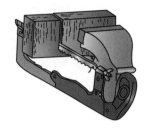

图1-48 深缝锯削

9）打号码、交工件，清理工位。工作完毕时应清理工位，工具摆放整齐，用毛刷清扫铁屑，工件打号码后交工件给教师。

项目总结

锯削操作比较容易掌握，但初次锯削时会出现顾前不顾后、锯缝前后与检查线距离相差较大、锯缝与板面不垂直、锯条折断、锯缝歪斜等问题，其原因见表1-4。

表1-4 锯削缺陷分析

缺陷形式	产生原因
锯条折断	1）锯条选用不当或起锯角度不当 2）锯条装夹过紧或过松 3）工件未夹紧，锯削时工件出现松动 4）锯削压力太大或推锯过猛 5）强行修正歪斜锯缝或换上的新锯条在原锯缝中受卡 6）工件锯断时锯条撞击工件
锯齿崩裂	1）锯条装夹过紧 2）起锯角度太大 3）锯削中遇到材料组织缺陷，如杂质、砂眼等
锯缝歪斜	1）工件装夹不正 2）锯弓未扶正或用力歪斜，使锯条背偏离锯缝中心平面，而斜靠在锯削断面的一侧 3）锯削时双手操作不协调

知识拓展

1. 锯棒料

锯削尺寸较大的圆钢、方钢等棒料时，可按图1-49所示的顺序进行锯削。锯削直径较大的脆性材料，可在两侧分别锯一条深缝和一条浅缝后再用锤子敲断。

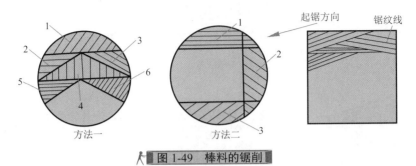

图 1-49　棒料的锯削

1~6—锯削顺序

2. 锯薄板

比较薄的板料在锯削时会发生弯曲和颤动，导致锯削无法进行。因此，锯削时应将板料夹在两块废木料的中间，连同木板一起锯开，如图 1-50a 所示。也可以把薄板直接夹在台虎钳上，用手锯做横向斜推锯，使锯齿与薄板接触的齿数增加，避免锯齿崩裂，如图 1-50b 所示。

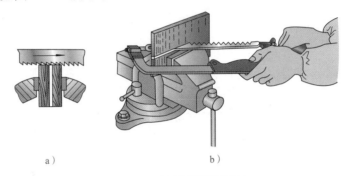

a)　　　　　　　　　　b)

图 1-50　薄板料的锯削

3. 锯圆管

锯圆管一般不采用一锯到底的方法，而是在将管壁锯透时，把管子向推锯方向转动，锯锯转转，直到锯掉为止，如图 1-51 所示。

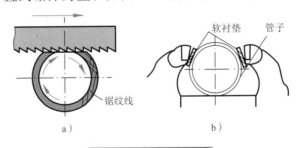

a)　　　　　　　　　　b)

图 1-51　圆管的锯削

4. 锯型钢

角钢、槽钢等型钢的锯削如图 1-52 所示。

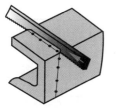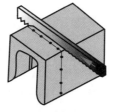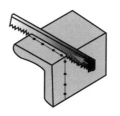

图 1-52　型钢的锯削

5. 锯深缝

深缝的锯削如图 1-53 所示。当锯缝的深度超过弓架的高度时（图 1-53a），应将锯条转过 90° 重新安装，使弓架转到工件侧面再锯削（图 1-53b），也可把锯条安装为锯条在锯内的方式进行锯割（图 1-53c）。

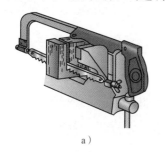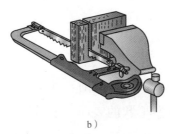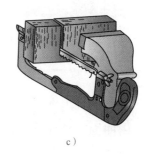

a）　　　　　　　　　b）　　　　　　　　　c）

图 1-53　深缝的锯削

6. 锯扁钢

为得到整齐的锯口，应从扁钢较宽的面下锯，这样的锯缝深度较浅，锯条不致被卡住。

 项目评价

项目评价表见表 1-5。

表1-5　锯削项目评价表

序 号	项目任务		配分	评分标准	自评	得分
1	1~5 锯缝	锯缝直线度误差≤1.5mm	3×5	超差不得分		
2		正反面锯缝与检查线距离偏差值在 ±1.5mm 范围内	2×5	超差、压线不得分		
3		锯缝与检查线距离在 0.5~2mm 范围内	3×5	超差、压线不得分		
4	6、7 锯缝	锯缝直线度误差≤1mm	5×2	超差不得分		
5		正反面锯缝与检查线距离在 0.5~1.5mm 范围内	10×2	超差、压线不得分		
6		锯缝与检查线距离在 0.5~1.5mm 范围内	5×2	超差、压线不得分		
7	8 锯缝	锯缝直线度误差≤1mm	6	超差不得分		
8		正反面锯缝与检查线距离差值<0.5mm	4	超差、压线不得分		
9		锯缝与检查线距离在 0.5~1.5mm 范围内	5	超差、压线不得分		

（续）

序　号		项 目 任 务	配 分	评 分 标 准	自评	得分
10	职业素质	团队合作	5	有违反规定的行为视情节严重程度扣 1 ~ 5 分		
11		遵守纪律	5	有违反规定的行为视情节严重程度扣 1 ~ 5 分		
12		迟到早退	5	有迟到早退现象扣 5 分		
13		安全文明操作		操作期间遵守安全秩序，违反规定视情况扣 5~10 分		
自评总分						
教师评价				得分：		

项目四　锉　削

学 习 目 标

用锉刀对工件进行加工的方法称为锉削。锉削可用于加工工件的内平面、外平面、内曲面、外曲面及各种复杂形状的表面。还可以配键、做样板、修正个别零件的几何形状等。锉削精度可高达 0.01mm 左右，表面粗糙度可达 $Ra0.8\mu m$。

掌握锉削的基本操作，能对平面的加工质量进行检测和分析，理解平面度的概念，建立一定的尺寸精度意识。

项 目 描 述

一块尺寸为 14mm × 70mm（ ± 1mm）× 70mm（ ± 1mm）的钢板，材料为 Q235，经过锉削、测量等工序，形成一个满足一定平面度要求的工件，如图 1-54 所示。

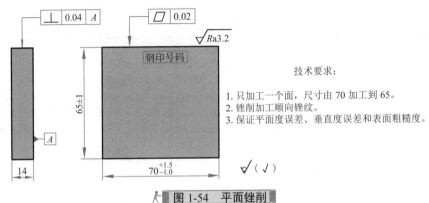

技术要求：

1. 只加工一个面，尺寸由 70 加工到 65。
2. 锉削加工顺向锉纹。
3. 保证平面度误差、垂直度误差和表面粗糙度。

图 1-54　平面锉削

知识链接

检测前应先用锉刀将工件周边的毛刺、锐边倒钝，以便于测量，如图 1-55 所示。

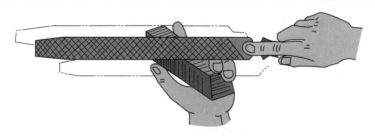

图 1-55 锉削去掉毛刺

锉削较小工件的平面时，其平面度误差通常都采用刀口形直尺，通过透光法来检查，如图 1-56 所示。

检测时，刀口形直尺应垂直放在工件表面上（图 1-56a），并在加工面的纵向、横向、对角方向多处逐一进行检测（图 1-56b），以确定各方向的平面度误差（图 1-56c）。

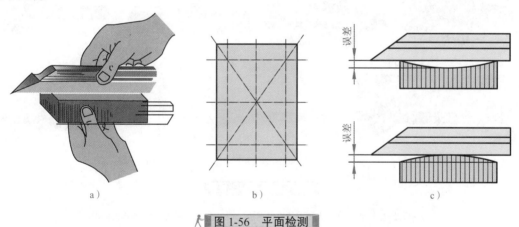

a)　　　　　　　　b)　　　　　　　　c)

图 1-56 平面检测

注意事项：

1）刀口形直尺在检测平面上移动时，不能在平面上拖动，否则刀口形直尺的测量边容易磨损检测平面而降低其精度。

2）塞尺是用来检测两个结合面之间间隙大小的片状量规，使用时根据被测间隙的大小，可用一片或数片重叠在一起做塞入检测。

项目实施

1. 准备工具、量具、材料

1）工具。350mm 1号平锉刀、250mm 3号平锉刀、整形锉、钢丝刷、100mm 毛刷。

2）量具。100 mm刀口形直尺。

3）材料。70mm×70mm×14mm 的 Q235 钢板。

2. 锉削基本动作

本项目是以锉削动作练习为主。根据图示要求完成锉削任务，加工面要平整且要与板面垂直，必须要有正确的锉削动作来保证锉削质量。

（1）锉刀握法（图 1-57）

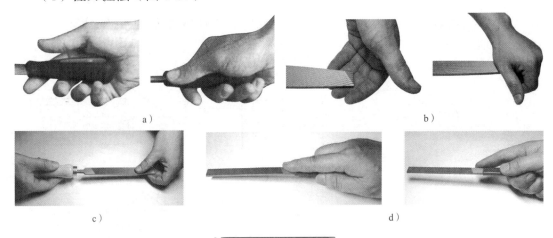

a)   b)

c)   d)

图 1-57 锉刀握法

a）大锉刀的右手握法　b）大锉刀的左手握法　c）中锉刀的握法　d）小锉刀的握法

1）右手紧握锉柄，柄端抵在拇指根部的手掌上，大拇指放在锉柄上部，其余手指由下而上地握着锉柄。

2）左手的基本握法是将拇指根部的肌肉压在锉刀上，拇指自然伸直，其余四指弯向手心，用中指、无名指捏住锉刀前端。

3）锉削时右手推动锉刀并决定推动方向，左手协同右手使锉刀保持平衡。

（2）锉削姿势

1）锉削时的站立步位和锉削动作如图 1-58 所示。两手握住锉刀放在工件上面，左臂弯曲，小臂与工件锉削面的左右方向保持基本平行，右小臂要与工件锉削面的前后方向保持基本平行。

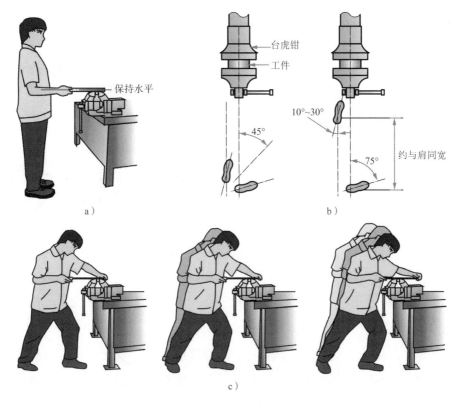

图 1-58 锉削站立步位和动作

a）手肘、锉刀与锉削处成一条直线　b）右脚转 70°~80°，左脚尖向内转 10°~30°　c）锉削动作

2）锉削时，身体先于锉刀并与之一起向前，右脚伸直并稍向前倾，重心在左脚，左膝部呈弯曲状态。

3）当锉刀锉至约 3/4 行程时，身体停止前进，两臂则继续将锉刀向前锉到头，同时，左脚自然伸直并随着锉削时的反作用力将身体重心后移，使身体恢复原位，并顺势将锉刀收回。

4）当锉刀收回将近终点时，身体又开始先于锉刀前倾，做第二次锉削的向前运动。

注意事项：

1）锉削姿势的正确与否，对锉削质量、锉削力的运用和发挥，以及操作者的疲劳程度都起着决定性作用。

2）正确掌握锉削姿势，须从锉刀握法、站立步位、姿势动作、操作等几方面进行，动作要协调一致，经过反复练习才能达到一定的要求。

（3）锉削力和锉削速度

1）锉削力。锉刀直线运动才能锉出平直的平面，因此，锉削时右手的压力要随锉刀推动而逐渐增加，左手的压力要随锉刀推动而逐渐减小，如图 1-59 所示。

回程时不要加压力，以减少锉齿的磨损。

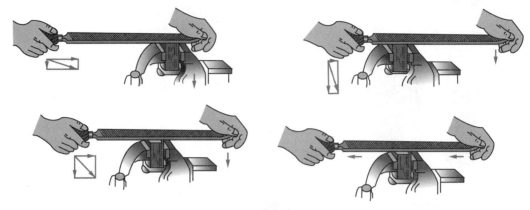

图 1-59 锉削力

2）锉削速度。锉削速度一般应在 40 次 /min 左右，推出时稍慢，回程时稍快，动作要自然、协调一致。

（4）锉削方法

1）顺向锉。顺向锉是锉刀顺着一个方向锉削的运动方法。它具有锉纹清晰、美观和表面粗糙度值较小的特点，适用于小平面和粗锉后的场合。顺向锉的锉纹整齐一致，最基本的一种锉削方法，如图 1-60a 所示。

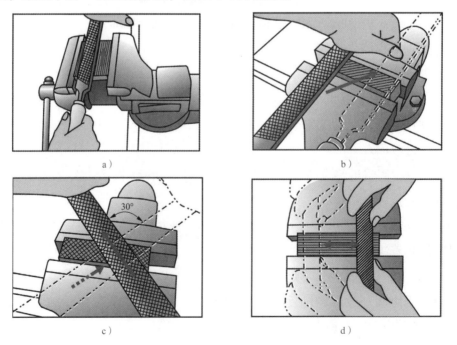

a）

b）

c）

d）

图 1-60 锉削方法

a）顺向锉 b）、c）交叉锉 d）推锉

2）交叉锉。交叉锉是从两个以上不同方向交替交叉锉削的方法，锉刀运动方向与工件夹持方向成 30°~40° 角，如图 1-60b、c 所示。

它具有锉削平面度好的优点，但表面质量稍差，且锉纹交叉。

3）推锉。推锉是双手横握锉刀往复锉削的方法。其锉纹特点同顺向锉，适用于狭长平面和修整时余量较小的场合，如图 1-60d 所示。

（5）锉削安全文明操作

1）工具、量具摆放整齐。锉柄不允许露在钳桌外面，以免掉落地上砸伤脚或损坏锉刀。

2）没有装手柄的锉刀、锉柄已裂开或没有锉柄箍的锉刀不可使用。

3）锉削时锉柄不能撞到工件，以免锉柄脱落造成事故。

4）不允许用嘴吹锉屑，避免锉屑飞入眼中，也不能用手擦摸锉削表面。锉屑应用毛刷清扫。

5）不允许将锉刀当撬棒或锤子使用。

6）用钢丝刷清除锉刀齿间铁屑，镶嵌牢固的铁屑用铁钉或金属尖部剔除。

3. 操作步骤

1）夹持工件，工件露出钳口 15mm 左右。

2）用 350mm 1 号平锉刀顺向锉削，注意锉刀握法、站立等动作要规范。相邻的同学互相监督、纠正动作。

保持锉刀运行轨迹为一条直线，如图 1-61 所示。

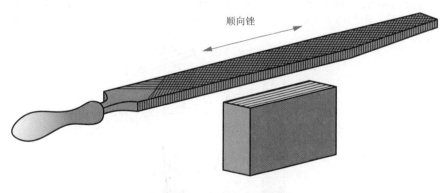

图 1-61 顺向锉运行轨迹

3）当锉纹整齐划一时，测量加工面。开始锉削会出现两种常见的质量问题，如图 1-62 所示。

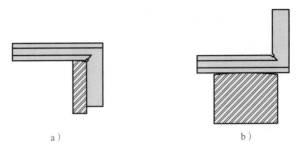

a)   b)

图 1-62 测量锉削平面常见问题

a) 垂直度问题 b) 平面度问题

4) 用顺向锉方法修整锉削面高出部分, 如图 1-63 所示。观察锉纹由高处逐步扩大修整平面, 如图 1-64 所示。

图 1-63 修整锉削面

图 1-64 观察锉纹变化

如果新锉纹在锉削面低处出现, 说明锉刀没有端平, 锉削轨迹倾斜, 如图 1-65 所示。

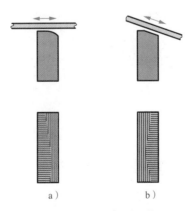

a)   b)

图 1-65 通过锉纹判断锉削轨迹

a) 正确 b) 错误

5）修整后，顺向锉统一锉纹。

6）测量加工面，从一侧观察如发现对角高低不同（图1-66）或者角尺测量两侧有角度误差，表明加工面扭曲。

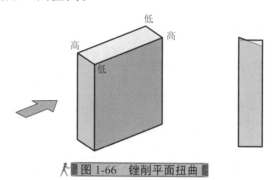

图 1-66　锉削平面扭曲

7）用交叉锉方法修整高出部分，如图1-67所示。

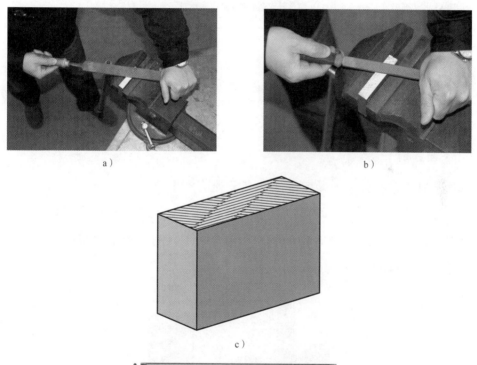

a）

b）

c）

图 1-67　用交叉锉法修整扭曲平面

a）大锉刀修整　b）中锉刀修整　c）锉纹表现

8）用交叉锉方法找平后，顺向锉统一锉纹。

再次测量后如还是出现中间凸的情况，除可用前面介绍方法外，也可用推锉法找平。

9）最后用整形锉平面推锉加工，达到满足加工要求的表面粗糙度。

10）检测平面达到要求后，清除毛刺，打钢印号码交工件。

项 目 总 结

长方体锉削质量分析见表1-6。

表1-6　长方体锉削质量分析

质 量 问 题	产 生 原 因
工件表面夹伤或变形	1）台虎钳未装软钳口 2）夹紧力过大
工件表面粗糙度值超差	1）锉刀齿纹选用不当 2）锉纹中间嵌有锉屑未及时清除 3）粗锉、精锉加工余量选用不当 4）直角边锉削时未选用光边锉刀
工件平面度超差 （中凸、塌边或塌角）	1）选用锉刀不当或锉刀面中凸 2）锉削时双手推力、压力应用不协调 3）未及时检查平面度就改变锉削方法 4）操作动作不规范

知 识 拓 展

锉削按加工表面形状的不同可分为平面锉削、曲面锉削和球面锉削。

1．平面锉削

平面锉削的方法可分为顺向锉法、交叉锉法和推锉法。

（1）顺向锉法　如图1-68所示，锉刀始终沿一个方向锉削，锉削的同时应均匀地做横向移动，每次移动5~10mm。该法适用于锉削中小平面和最后锉光，用顺向锉削可得到平直的锉痕。

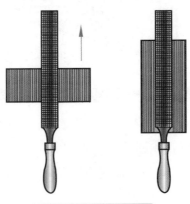

图1-68　顺向锉法

（2）交叉锉法　交叉锉法是在顺向锉法的基础上，采用不同的交叉角度进行锉削的方法，锉削的同时均匀地做横向移动，如图 1-69 所示。该法便于从锉痕上判断出锉削面的高低情况，用于锉削的中间阶段或平面度要求较高的平面。

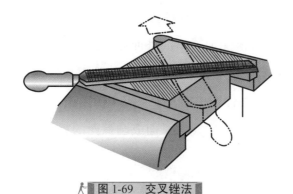

图 1-69　交叉锉法

（3）推锉法　采用横握锉刀（手不能离工件太远）沿工件表面平稳地做推、拉运动，如图 1-70 所示。此法主要用于最后修整工件锉纹和尺寸，以降低工件表面粗糙度值和提高表面质量；也可用于小平面的锉平和狭长工件上有凸台的锉削。

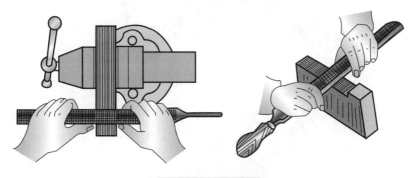

图 1-70　推锉法

锉削加工后的平面质量通常采用刀口形直尺透光法进行检查，如图 1-71 所示。如果锉削后平面平直，则从刀口形直尺与工件表面缝隙透过的光线弱且均匀。如果所透光中间强、两端弱，表明工件中间凹陷；反之，则表明工件中间凸起。

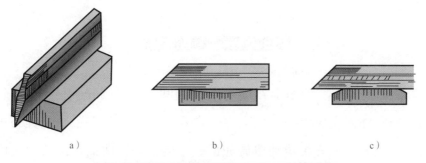

a）　　　　　　　　　　b）　　　　　　　　　　c）

图 1-71　用刀口形直尺检查锉削后平面质量

a）用刀口形直尺检查　b）中间凹　c）中间凸

2. 曲面锉削

（1）外曲面的锉削　锉削外曲面有两种方法，一种是采用板锉沿圆弧面顺向锉削的方法，如图 1-72a 所示。锉刀在前进的同时绕工件的圆弧中心做上下摆动，右手下压的同时左手上提。该法加工出的外曲面圆滑、光洁，但锉削效率低，常用于加工余量较小的弧面或精锉外圆弧面。另一种是用板锉沿圆弧面横向锉削，如图 1-72b 所示。先将工件端头锉成多棱形，然后再用沿圆弧面摆动锉法精锉成形。该法加工效率高，适用于加工余量大的弧面或圆弧面的粗加工。

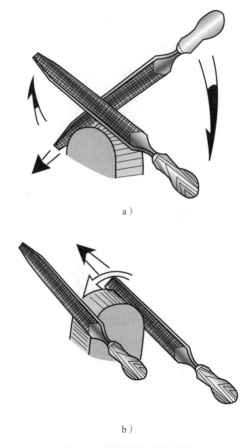

a）

b）

图 1-72　外曲面的锉削

a）沿圆弧面顺向锉削　b）沿圆弧面横向锉削

（2）内曲面的锉削　如图 1-73 所示，采用圆锉、半圆锉。推锉时，锉刀向前运动，同时控制锉刀完成沿圆弧面向左或向右移动，而且右手腕绕锉刀中心线做同步的转动，只有以上三个运动协调完成，才能锉好内曲面。该法锉出的内曲面曲线圆滑，常用于锉削凹圆弧面的工件或圆孔。

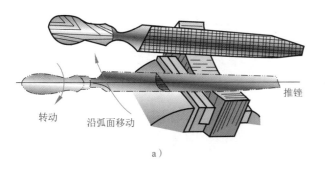
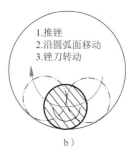

a）　　　　　　　　　　　　　　　b）

图 1-73　内曲面的锉削

a）内曲面锉削　b）圆孔锉削

3. 球面锉削

球面锉削采取外圆弧面锉削方法中的顺向锉与横向锉相结合来完成加工，如图 1-74 所示。

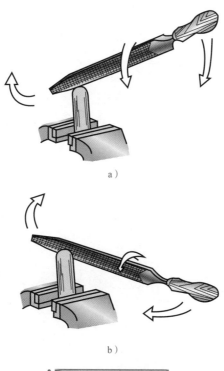

a）

b）

图 1-74　球面锉削

a）顺向锉运动　b）横向锉运动

项目评价

项目评价表见表 1-7。

表1-7 平面加工项目评价表

序 号	项 目 任 务		配分	评 分 标 准	自 评	得 分
1	操作动作	手持锉刀动作	10	手持锉刀方法错误发现一次扣3分		
2		站立步位	10	步位错误的发现一次扣3分		
3		姿势动作	10	身体运动造成锉刀不成直线运动的发现一次扣3分		
4		工具、量具使用	10	工具、量具使用不规范的发现一次扣3分		
5	加工公差	□ 0.02	10	超差不得分		
6		⊥ 0.04 A	10	超差不得分		
7		$Ra3.2\mu m$	15	超差不得分		
8		顺向锉纹整齐	10	锉纹混乱的不得分		
9	职业素质	团队合作	5	有违反规定的行为视情节的严重程度扣1~5分		
10		遵守纪律	5	有违反规定的行为视情节的严重程度扣1~5分		
11		迟到早退	5	有迟到早退现象扣5分		
12	安全文明操作			操作期间，遵守安全秩序，违反规定视情况扣5~10分		
	自评总分					

教师评价

得分：

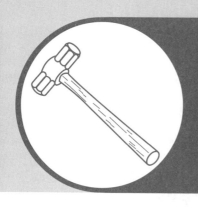

单元二 车工实训

单元综述

　　本单元主要结合车床及其应用的理论知识，通过三个项目的技能训练及实践，使学生掌握中级车工的知识和技能，达到相应的国家职业资格水平。

项目一　车床的操作与维护

学习目标

1. 会操作、维护卧式车床。
2. 掌握车工的安全文明操作规程。

项目描述

　　在各种切削加工工种中，车工是最基本、应用最广泛的工种，车床在金属切削机床中约占50%，因此，学会车床的使用和操作对于机械专业的学生尤为重要。图2-1所示为最常用的CA6140型卧式车床，在学习、掌握相关操作前，必须熟悉车床上各部分的结构。

图2-1　CA6140型卧式车床外形图

知识链接

1. 主轴箱变速手柄

（1）车床主轴变速手柄 如图 2-2 所示，车床主轴的变速通过改变主轴箱正面右侧两个叠套的长、短手柄的位置来控制。外侧的短手柄在圆周上有 6 个档位，每个档位都有用 4 种颜色来标志的 4 级变速；内侧的长手柄除有两个空档外，还有由 4 种颜色标志的 4 个档位。

（2）加大螺距及左、右旋螺纹变换手柄 如图 2-2 所示，主轴箱正面左侧的手柄用于加大螺距及变换螺纹左、右旋向，它有 4 个档位。纵向、横向进给车削时，一般放在右上角的档位上。

图 2-2 主轴箱变速手柄

2. 进给箱变速手柄

图 2-3 所示为进给箱变速手柄，其正面左侧的手轮有 1~8 的档位。右侧有内、外叠装的 2 个手柄，外手柄有 A、B、C、D 4 个档位，是螺纹种类及丝杠、光杠变换手柄；内手柄有 Ⅰ、Ⅱ、Ⅲ、Ⅳ 4 个档位。

图 2-3 进给箱变速手柄

3. 溜板箱及刀架部分

如图 2-4 所示，在溜板箱及刀架部分中，床鞍、中滑板和小滑板的移动依靠手轮和手柄来实现，床鞍及溜板箱做纵向移动，中滑板做横向移动，小滑板可做纵向或斜向移动。其操作方式有手动和机动进给两种方式。它们移动的距离靠刻度盘来控制，如图 2-5 所示。

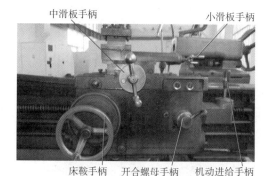

中滑板手柄　　　　　　　小滑板手柄

床鞍手柄　开合螺母手柄　机动进给手柄

图 2-4　溜板箱及刀架部分

床鞍刻度盘　　　　　　中滑板刻度盘

图 2-5　刻度盘

4. 尾座

如图 2-6 所示，尾座安放在导轨上，其位置可以调整以适应加工工件的长度。摇动手轮，套筒在尾座内可以伸缩，套筒内可安装顶尖、钻头等。

套筒固定手柄　　　　手轮　　　　　　　　　尾座紧固手柄

图 2-6　尾座

项目实施

1. 车床主轴箱操作训练

（1）车床起动的准备操作

1）检查车床的开关、手柄和手轮是否处于停机时的正确位置。例如，主轴正、反转操作手柄要处于中间的停止位置，机动进给手柄要处于十字槽中央的停止位置等。

2）将电源开关锁旋至 "1" 位置。

3）向上扳动电源总开关由 "OFF" 至 "ON" 位置，即电源由 "断开" 至 "接通" 状态，车床通电，同时床鞍上的刻度盘照明灯亮，如图 2-7 所示。

（2）车床主轴转速的变速操作　以调整车床主轴转速 320r/min 为例。

1）找出要调整的车床主轴转速在圆周上哪个档位。例如，找出 320r/min 在圆周的右边位置上的档位。

2）将短手柄拨到此位置的数字上，并记住该数字的颜色。例如，短手柄指向红颜色"40"上。

3）相应地将长手柄拨到与该数字颜色相同的档位上。例如，将长手柄拨到红颜色的档位上，如图 2-8 所示。

图 2-7 电源开关

图 2-8 主轴转速的变速操作

（3）车床主轴的空运转操作（图 2-9）

1）将车床主轴转速变速至 12.5r/min。

2）按下床鞍上的操作按钮中的起动按钮（绿色），起动电动机，但此时车床主轴不转（图 2-9a）。

3）将进给箱右下侧的操纵杆手柄向上提起，实现车床主轴的正转，此时车床主轴转速为 12.5r/min（图 2-9b）。

4）将车床操纵杆手柄向下扳动至中间位置，实现车床主轴的停止（图 2-9c），继续往下扳动操作杆手柄可实现主轴的反转（图 2-9d）。

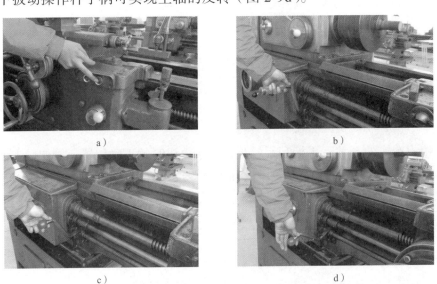
a)　　　　　　　　　　b)

c)　　　　　　　　　　d)

图 2-9 主轴空运转操作

2. 进给箱的变速操作

图 2-10 所示为 CA6140 型车床进给箱进给量调配表（局部）。

图 2-10　进给量调配表

例如，纵向进给量为 1.5mm/r 时，手柄、手轮变换的具体步骤如下：

1）把主轴箱正面左侧正常和加大螺距及左、右螺纹旋向变换手柄放在右上角的位置，如图 2-11a 所示。

2）调整主轴箱正面右侧手柄的位置：长手柄在红颜色位置，短手柄指向 320r/min，选择转速为 320r/min，如图 2-11b 所示。

3）把进给箱正面右侧的内手柄放在 C 的位置，外手柄放在 Ⅱ 的位置，如图 2-11c 所示。

4）向外拉出进给箱正面左侧的进给量和螺距变换手轮，选择"3"的位置后再推进去，如图 2-11d 所示。

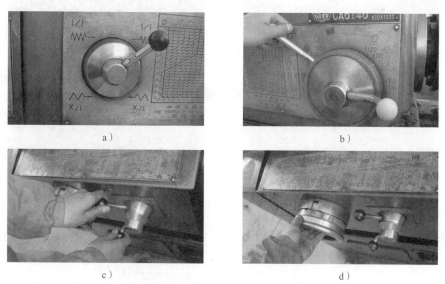

图 2-11　进给量的变换步骤

3. 刀架部分和尾座的手动操作

（1）刀架部分的手动操作

1）床鞍纵向移动（图 2-12a）。沿逆时针方向转动溜板箱左侧的床鞍手轮，床鞍向左纵向移动；反之向右移动。

2）中滑板横向移动（图 2-12b）。沿顺时针方向转动中滑板手柄，中滑板向远离操作者的方向移动，即横向进给；反之，中滑板向靠近操作者的方向移动。

3）小滑板纵向移动（图 2-12c）。沿顺时针方向转动小滑板手柄，小滑板向左移动；反之向右移动。

4）刀架转位及锁紧（图 2-12d）。沿逆时针方向转动刀架手柄，刀架随之做逆时针方向转动，可调换车刀；沿顺时针方向转动刀架手柄，可锁紧刀架。

a ）

b ）

c ）

d ）

图 2-12　刀架的手动操作

（2）刻度盘的操作（图 2-13）

1）床鞍刻度盘。转动床鞍手轮，每转过 1 小格，床鞍带动刀架纵向移动 1mm（图 2-13a）。

2）中滑板刻度盘。转动中滑板手柄，每转过 1 小格，中滑板带动刀架横向移动 0.05mm；刻度盘沿顺时针方向转过 20 格，中滑板带动刀架横向进给 1mm（图 2-13b）。

3）小滑板刻度盘。转动小滑板手柄，每转过 1 小格，小滑板带动刀架纵向移动 0.05mm；刻度盘沿顺时针方向转过 10 小格，小滑板带动刀架向左纵向进给 0.5mm。

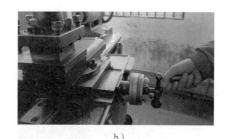

a) b)

c)

图 2-13 刻度盘的操作

（3）尾座的操作（图 2-14）

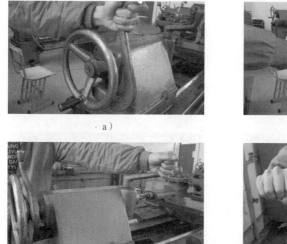

a) b)

c) d)

图 2-14 尾座的操作

a）锁紧尾座紧固手柄，将尾座固定　b）松开尾座紧固手柄，尾座可沿导轨移动
c）松开套筒固定手柄　d）转动手轮，套筒可伸缩移动

1）尾座套筒的进退和固定。沿逆时针方向转动（松开）尾座套筒固定手柄，转动尾座手轮，可使尾座套筒做进退移动。

2）尾座位置的固定。沿逆时针方向扳动（紧固）尾座紧固手柄，可使尾座固定于床身的某一位置。

4. 刀架的纵、横向机动进给操作

1）确定主轴手柄位置，调整好主轴转速，如图 2-15a 所示；正确选择并确定进给手柄、手轮位置，如图 2-15b、c 所示。

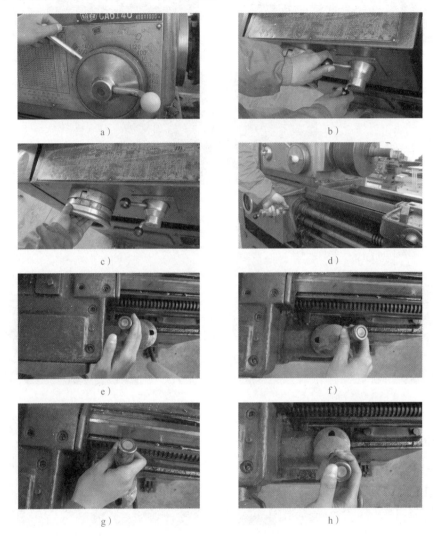

a)

b)

c)

d)

e)

f)

g)

h)

图 2-15　刀架的机动进给操作

2）向上提起主轴操纵杆，使主轴正转（此时光杠应转动），如图 2-15d 所示。

3）向左扳动溜板箱右侧的机动进给手柄，溜板（刀架）向左做纵向机动进给；手柄扳至中间，溜板（刀架）停止机动进给，如图 2-15e 所示。

4）向右扳动机动进给手柄，溜板（刀架）向右做纵向机动进给；手柄扳至中间，溜板（刀架）停止机动进给，如图 2-15f 所示。

5）向前扳动机动进给手柄，使中滑板（刀架）向前（远离操作者）做横向机动进给；手柄扳至中间，中滑板（刀架）停止机动进给，如图 2-15g 所示。

6）向后扳动机动进给手柄，使（刀架）中滑板向后（靠近操作者）做横向机动进给；机动进给手柄扳至中间，中滑板（刀架）停止机动进给，如图 2-15h 所示。

当按下机动进给手柄顶部绿色（或红色）的快进按钮时，配合机动进给手柄的操作，可进行刀架纵、横向快速移动操作，如图 2-16 所示。

机动进给手柄   快进按钮

图 2-16 刀架快速移动操作

项目总结

在本项目操作中，应注意如下事项：

1）变换速度应在主轴完全停止转动的状态下进行。

2）扳动变速手柄时，若不能扳至所需档位，则可用手扳动主轴转动配合，如图 2-17 所示。

图 2-17 用手扳动主轴换档

3）操纵杆手柄不要由正转直接扳向反转，而应由正转经中间刹车位置稍停 2s 左右再扳至反转位置，这样有利于延长车床的使用寿命。

4）当主轴转动时，若光杠不转，可能是进给箱手柄位置没有扳到位。

5）当刀架上装有车刀时，转动刀架，其上的车刀也随同转动，为避免车刀与工件、卡盘或尾座相撞，应在刀架转位前把中滑板向后退出适当的距离。

知识拓展

1. 车工的安全文明操作规程

经过普通车工的实习训练，可掌握车工操作的相关技术，如车床的操作、工卡具的使用、工件的车削及测量等，其中首先要注意的是实习中的安全问题。预防安全事故、消除安全隐患设备的正确使用与维护等问题是车工实习中的重中之重，一且出现安全事故，将对自身、家庭、学校造成严重的影响。因此，进行车工实习前，有必要先熟悉一下普通车工的安全操作规程。

车工安全操作规程的要点如下：

1）工作时，应穿工作服，戴防护眼镜，如图2-18所示；长发的女生应戴工作帽，并将长发塞入帽子里。

2）操作车床时禁止戴手表、手套或佩戴戒指等首饰，如图2-19所示；男生不能系领带，女生禁止穿裙子和凉鞋。

图2-18 穿工作服，戴防护眼镜

图2-19 严禁戴手套操作车床

3）工作时，为防止切屑飞入眼中，头不能离工件太近。

4）工作时，必须集中精力，注意手、身体和衣服不能靠近正在旋转的机件（如工件、带轮、齿轮等）。

5）工件和车刀必须装夹牢固，以防飞出伤人。卡盘必须装有保险装置，工件装夹好后，必须随即取下卡盘扳手，如图2-20所示。

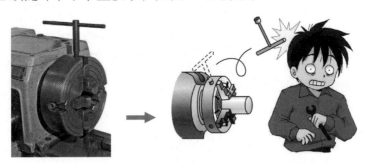

图2-20 随即取下卡盘扳手

6）装卸工件、更换刀具、测量工件尺寸及变换速度时，必须先停机。

7）车床运转时，不得用手触摸工件表面，尤其是加工螺纹时，严禁用手触摸螺纹表面，以免伤手；严禁用棉纱擦回转的工件；不准用手扳停转动着的卡盘，如图2-21所示。

8）要用专用铁钩清除切屑，绝不允许用手直接清除，如图2-22所示。

图 2-21 不得用手触摸运转的工件表面   图 2-22 用专用铁钩清除切屑

9）棒料毛坯从主轴孔尾端伸出不能太长，并应使用料架或挡板，加上防护装置和警告标志，防止棒料甩弯伤人。

10）工作中若发现机构、电气装置有故障，应立即切断电源，及时上报，由专业人员检修，未修复不得使用。

? 提 示

1）严禁在车间内打闹。一些不经意的恶作剧或玩笑可能会给你和他人带来严重的伤害。

2）如果在实习时不慎受伤，应尽快向实习老师报告，不要擅自处理。

2. 车床的日常清洁、保养和维护

车床的维护与保养也是做好车工的一项重要工作，一位高素质的操作者，对于自己操作的车床，一定会随时保养维护的，这应该形成习惯。下面简要说明日常维护和保养需注意的方面。

（1）起动车床前应做到的事项

1）检查车床各部分机构及防护设备是否完好。

2）检查各手柄是否灵活，其空档或原始位置是否正确。

3）检查各注油孔，并进行润滑。

4）使主轴低速空转 1~2min，待车床运转正常后才能工作；若发现车床有故障，应立即停机报修。

（2）车床操作中应做到的事项

1）主轴变速前必须先停机，调整变速箱手柄时可用手微微扳动主轴，以利于齿轮啮合，如图 2-23 所示。

2）使用切削液前，应在床身导轨上涂润滑油，如图 2-24 所示。

图 2-23　用手扳动主轴

图 2-24　在床身导轨上涂润滑油

3）工具的摆放要整齐、合理，有固定的位置，便于操作时取用，用后应放回原处（图 2-25a），而不应任意堆放（图 2-25b）。

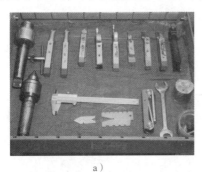

a）

b）

图 2-25　工具的摆放

4）不允许在卡盘及床身导轨上敲击或校直工件，床面上不准放置工具或工件。

5）车刀磨损后应及时刃磨，不允许用钝刃车刀继续车削，以免增加车床负荷或损坏车床，影响工件表面的加工质量和生产率。

（3）结束操作前应做到的事项

1）工作完成后关闭电源（图 2-26），让刀具溜板移到床尾（图 2-27）。

图 2-26　关闭电源开关

图 2-27　刀具溜板归位

2）将使用过的物件擦净、归位（图 2-28a），将 T 形扳手取下归位（图 2-28b）。

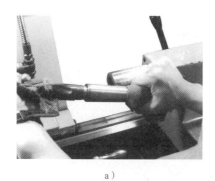
a)

b)

图 2-28 使用过的物件擦净、归位

3）用毛刷清理车床上的切屑（图 2-29），用抹布由床尾开始擦拭导轨（图 2-30）。

图 2-29 用毛刷清除切屑

图 2-30 擦拭导轨

4）方刀架应擦拭干净（图 2-31）；车床的油漆部位也应用干净的抹布擦拭（图 2-32），但不可上油，以免粘上灰尘。

图 2-31 擦拭方刀架

图 2-32 擦拭油漆部位

5）在导轨上加注一薄层润滑油（图 2-33），既润滑又防锈。卡爪上的矩形螺纹螺孔不可加注润滑油（图 2-34），以免丧失夹持力。

6）丝杠牙底的杂屑应用棉绳绕圈去除，如图 2-35 所示；对于残留的切削液，应立即擦净，如图 2-36 所示。

图 2-33　导轨上油防锈

图 2-34　卡爪的螺孔不可加注润滑油

图 2-35　清除丝杠牙底的杂屑

图 2-36　擦净残留切削液

项 目 评 价

项目评价表见表 2-1。

表 2-1　车床的操作与维护项目评价表

序号	工　作　内　容		配分	完 成 情 况	自　评　分
1	主轴箱操作训练	起动车床操作	5		
		主轴转速变换操作	5		
		主轴空转操作	10		
2	进给箱变速操作	主轴箱手柄操作	5		
		进给箱手柄操作	10		
3	手动进给操作	床鞍纵向移动	5		
		中滑板横向移动	5		
		小滑板手动移动	5		
		尾座的手动操作	5		
4	机动进给操作	刀架纵向移动	10		
		刀架横向移动	10		
5	职业素质		15		
6	安全文明操作		10		
7	教师评价	存在的问题： 改进措施：			
		指导教师：　　　　　　年　月　日			

学 习 目 标

1. 学会刃磨常用车刀。
2. 学会正确安装车刀。

项 目 描 述

将一把新的 90° 硬质合金焊接车刀按图 2-37 所示的要求进行刃磨，练习车刀的刃磨技能。45° 车刀、75° 车刀与 90° 车刀的刃磨方法基本相同。

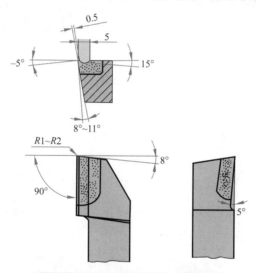

图 2-37　90° 硬质合金焊接车刀

知 识 链 接

正确刃磨车刀是车工必须掌握的基本功之一。刃磨车刀一般有机械刃磨和手工刃磨两种方法。机械刃磨的效率高、质量好，操作方便。一般有条件的工厂较多地采用机械刃磨。手工刃磨灵活，对设备要求低，目前仍普遍采用。作为一名车工，手工刃磨是基础，是必须掌握的基本技能。

1. 砂轮的选择

砂轮是车刀刃磨中最常用的工具，一般安装在砂轮机的左右两侧，如图 2-38a 所示。它是由结合剂将磨料颗粒粘结而成的多孔体。

目前工厂中常用的磨刀砂轮有两种：一种是氧化铝砂轮，另一种是绿色碳化硅砂轮。刃磨时必须根据所磨刀具材料来选择砂轮材料。氧化铝砂轮（图2-38b）韧性好，比较锋利，但砂粒硬度稍低，所以用来刃磨高速工具钢车刀和硬质合金车刀的刀杆部分。绿色碳化硅砂轮（图2-38c）的砂粒硬度高，切削性能好，但较脆，所以用来刃磨硬质合金车刀的刀头部分。

图 2-38　砂轮

2. 磨刀的一般步骤

刃磨外圆车刀的一般步骤如图2-39所示。

（1）磨前刀面　目的是磨出车刀的前角 γ_o 和刃倾角 λ_s。

（2）磨主后刀面　目的是磨出车刀的主偏角 κ_r 和后角 α_o。

（3）磨副后刀面　目的是磨出车刀的副偏角 κ'_r 和副后角 α'_o。

（4）磨刀尖圆弧　在主切削刃与副切削刃之间磨刀尖圆弧。

   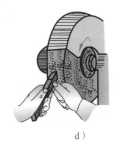

a）　　　　　　　b）　　　　　　　c）　　　　　　　d）

图 2-39　刃磨外圆车刀的一般步骤

a）磨前刀面　b）磨主后刀面　c）磨副后刀面　d）磨刀尖圆弧

3. 车刀的手工研磨

刃磨后的切削刃有时还不够光洁，如果用放大镜检查，可发现刃口上凹凸不平，呈锯齿状。使用这样的车刀加工工件不仅会直接影响工件的表面粗糙度，而且也会降低车刀的使用寿命。对于硬质合金车刀，在切削过程中还容易崩刃，所以对于手工刃磨后的车刀还必须进行研磨（一般用油石）。用油石研磨车刀时，手持油石要平稳。油石贴平需要研磨的表面并平稳移动，如图 2-40 所示。推时用力，回来时不用力。研磨后的车刀，应消除刃磨的残留痕迹，刃面表面粗糙度值应达到 $Ra0.16{\sim}0.32\mu m$。

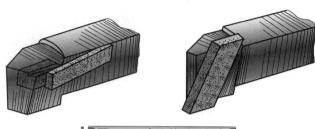

图 2-40　车刀的手工研磨

4. 车刀角度的测量

车刀磨好后，必须测量其角度是否满足要求。车刀的角度一般可用样板测量；对于角度要求高的车刀（螺纹刀），可以用车刀量角器进行测量。

项 目 实 施

1. 准备工作

准备 90° 硬质合金焊接车刀一把，装有氧化铝和碳化硅砂轮的砂轮机一台，如图 2-41 所示。针对刃磨 90° 焊接车刀的不同部位，选用不同的砂轮，还需准备角度样板、平板和油石。

a）

b）

图 2-41　准备工作

a）90°硬质合金焊接车刀　b）砂轮机

2. 刃磨步骤

（1）粗磨

1）粗磨刀面上的焊渣。如图 2-42 所示，用氧化铝砂轮先磨去车刀前刀面和后刀面上的焊渣。

图 2-42 磨去焊渣

2）粗磨刀柄部分的主后刀面和副后刀面。如图 2-43 所示，在略高于砂轮中心的水平位置处，将车刀翘起一个比后角大 2°~3° 的角度，粗磨刀柄部分的主后刀面和副后刀面，以形成后隙角，为刃磨车刀切削部分的主后刀面和副后刀面做准备。

a）

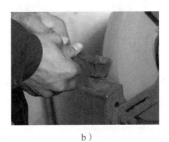
b）

图 2-43 粗磨刀柄部分

a）粗磨副后刀面 b）粗磨主后刀面

3）粗磨切削部分的主后刀面。如图 2-44a 所示，使刀柄与砂轮轴线保持平行，刀柄底平面向砂轮方向倾斜一个比主后角大 2°~3° 的角度。刃磨时，将车刀刀柄上已磨好的主后隙面靠在砂轮的外圆上，以接近砂轮中心的水平位置为刃磨的起始位置，然后使刃磨位置继续向砂轮靠近，并左右缓慢移动，一直磨至切削刃处为止。同时磨出主偏角 $k_r=90°$ 和主后角 $\alpha_o=9°$。

4）粗磨切削部分的副后刀面。如图 2-44b 所示，使刀柄尾端向右偏摆，转过副偏角 $k'_r=8°$，刀柄底平面向砂轮方向倾斜一个比副后角大 2°~3° 的角度。刃磨方法与刃磨主后刀面相同，但应磨至刀尖处为止。同时磨出副偏角 $k'_r=8°$ 和副后角 $\alpha'_o=9°$。

a）

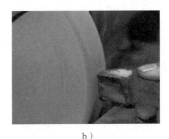
b）

图 2-44 粗磨切削部分

a）粗磨主后刀面 b）粗磨副后刀面

5）刃磨断屑槽或前刀面。如图 2-45 所示，手工刃磨断屑槽一般为圆弧形。刃磨时，刀尖可以向下或向上磨，同时磨出前角 $\gamma_o=15°$。但是选择刃磨断屑槽部位时，应考虑留出倒棱的宽度。

图 2-45　磨断屑槽（前刀面）

（2）精磨　精磨时选用粒度号为 F180 或 F220 的绿碳化硅砂轮，应先修整好砂轮，保证其回转平稳。

1）精磨主、副后刀面。如图 2-46 所示，步骤和方法与粗磨时相同。

a）　　　　　　　　　　　　　　　　b）

图 2-46　精磨主、副后刀面

a）精磨主后刀面　b）精磨副后刀面

2）磨负倒棱。如图 2-47 所示，通常由于倒棱的宽度很小，所以常用油石研出。刃磨方法有直磨法和横磨法两种。刃磨时力度要轻，要从主切削刃的后端向刀尖方向摆动，保证倒棱前角 $\gamma_{o1}=-5°$，倒棱宽度 $b_{r1}=0.5mm$。为保证切削刃的质量，最好采用直磨法。

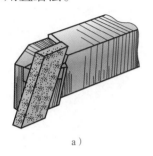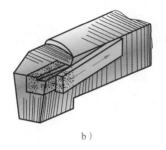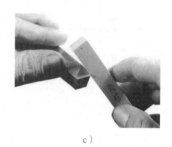

a）　　　　　　　　　　b）　　　　　　　　　　c）

图 2-47　磨负倒棱

a）横磨法　b）直磨法　c）用油石研磨

3）磨过渡刃，保证刀尖圆弧半径 R（1~2）mm。如图 2-48 所示，刃磨圆弧形过渡刃时，在车刀刀尖与砂轮端面轻微接触后，刀杆基本上以刀尖为圆心，在主、副切削刃与砂轮端面的夹角约等于 15° 的范围内，缓慢均匀地转动车刀，此时用力要轻，推进要慢，直到磨出的刀尖符合刀尖圆弧半径要求为止。刃磨直线型过渡刃的方法是：使车刀主切削刃与砂轮端面成一个大致为主偏角一半的角度，缓慢地把刀尖向砂轮推进。当磨出的过渡刃长度符合要求时即可。

图 2-48　磨过渡刃

3. 测量车刀的角度

车刀磨好后，除用目测检查，一般可用角度样板或量角器进行检测，如图 2-49 所示。角度样板可根据需要制作。

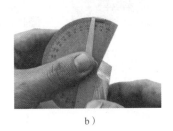

a）　　　　　　　　　　　　　　b）

图 2-49　车刀角度的测量

a）角度样板检测　b）量角器检测

项 目 总 结

刃磨车刀时，应注意以下几点：

1）车刀刃磨时，不要用力过大，以防打滑伤手。

2）磨刀时车刀必须控制在砂轮水平中心，刀头略向上翘。

3）刃磨时车刀要做左右移动，防止砂轮表面出现凹坑，如图 2-50a 所示。

4）严禁用砂轮的侧面进行磨削，如图 2-50b 所示。

5）刃磨硬质合金车刀时，不可将刀头部分放入水中冷却，以防刀片开裂；刃磨高速工具钢车刀时，应经常用水进行冷却，以防车刀过热而退火，降低硬度，如图 2-50c 所示。

6）刃磨结束时，随手关闭电源。

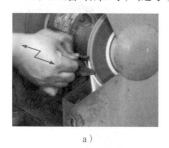
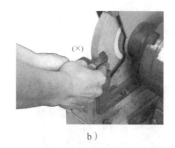
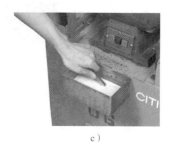

a）　　　　　　　　b）　　　　　　　　c）

图 2-50　刃磨车刀的注意事项

知 识 拓 展

将刃磨好的车刀装夹在刀架上的操作过程称为车刀的装夹。装夹正确与否将直接影响车削的顺利性和工件的质量，因此，装夹车刀时要符合以下要求（见表 2-2）。

表 2-2　装夹车刀的要求

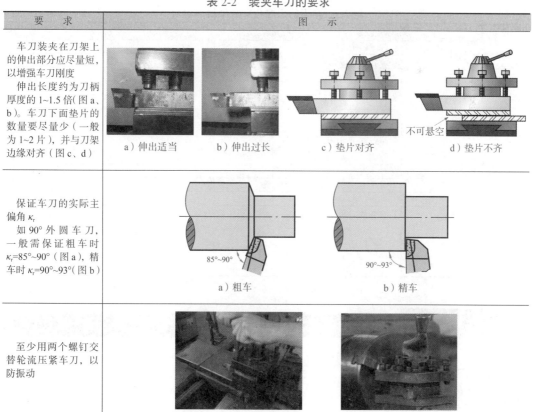

要　　求	图　　示
车刀装夹在刀架上的伸出部分应尽量短，以增强车刀刚度 伸出长度约为刀柄厚度的 1~1.5 倍（图 a、b）。车刀下面垫片的数量要尽量少（一般为 1~2 片），并与刀架边缘对齐（图 c、d）	a）伸出适当　　b）伸出过长　　c）垫片对齐　　d）垫片不齐（不可悬空）
保证车刀的实际主偏角 κ_r 如 90° 外圆车刀，一般需保证粗车时 $\kappa_r=85°~90°$（图 a），精车时 $\kappa_r=90°~93°$（图 b）	85°~90°　　90°~93° a）粗车　　　　b）精车
至少用两个螺钉交替轮流压紧车刀，以防振动	

（续）

要　求	图　示
通过增减车刀下面的垫片数量，使车刀刀尖与工件轴线等高。若刀尖对不准工件轴线，在车至端面中心时会留有凸头。使用硬质合金车刀时，车到中心处会使刀尖崩碎	 刀尖与轴心等高　　刀尖低于轴心　　刀尖高于轴心
螺纹车刀应保证其刀尖角平分线应与工件轴线垂直，装刀时可用对刀样板调整（图a）。如果把车刀装歪（图b），会导致车出的螺纹两牙型半角不相等，产生歪斜（俗称"倒牙"）	 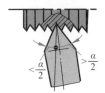 a）样板检查　　　　　　b）装歪造成牙型歪斜

项目评价

项目评价表见表2-3。

表2-3　车刀的刃磨与安装项目评价表

序号	工　作　内　容		配分	完　成　情　况	自　评　分
1	砂轮机的操作	起动砂轮机操作	10		
		砂轮空转检查操作	10		
2	外圆车刀的刃磨	主后刀面的刃磨	10		
		前刀面的刃磨	10		
		副后刀面的刃磨	10		
		刀尖的刃磨	5		
3	车刀的安装	高度的检查	5		
		刀杆伸出长度的检查	5		
		车刀夹紧程度的检查	5		
4	各表面的表面粗糙度		5		
5	职业素质		15		
6	安全文明操作		10		
7	教师评价	存在的问题： 改进措施： 　　　　　　　　　　　　　　指导教师：　　　　　　年　　月　　日			

项目三　车削加工的基本操作

项目综述

本项目通过完成车削加工的两个任务，基本掌握车削加工的基本操作技能。

>>> 任务一 端面和外圆的车削

学习目标 >

1. 能制订简单零件的车削加工工艺，正确选择切削参数。
2. 会正确装夹工件。
3. 会车削外圆和端面。
4. 会检测零件。

任务描述 >

如图 2-51 所示零件，材料为 45 钢，毛坯尺寸为 $\phi 85mm \times 100mm$，要求在
CA6140 型车床上完成各表面的加工，达到图样要求。

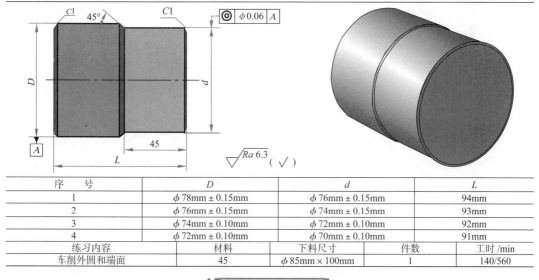

序 号	D	d	L
1	$\phi 78mm \pm 0.15mm$	$\phi 76mm \pm 0.15mm$	94mm
2	$\phi 76mm \pm 0.15mm$	$\phi 74mm \pm 0.15mm$	93mm
3	$\phi 74mm \pm 0.10mm$	$\phi 72mm \pm 0.10mm$	92mm
4	$\phi 72mm \pm 0.10mm$	$\phi 70mm \pm 0.10mm$	91mm
练习内容	材料	下料尺寸	件数	工时 /min
车削外圆和端面	45	$\phi 85mm \times 100mm$	1	140/560

图 2-51 练习零件

1. 图样分析

由图 2-51 可知，该零件需要加工的表面是两处外圆（D、d）、左右端面以及三
处倒角（$C1$、45°）。除尺寸精度要求之外，还应保证两段外圆的同轴度及各表面
的表面粗糙度要求。加工中，以 D 外圆为基准外圆，所有加工表面的表面粗糙度
值均为 $Ra6.3\mu m$，外圆 d 轴线对基准外圆 D 轴线的同轴度公差为 $\phi 0.06mm$。

2. 制订加工工艺

根据图样要求，制订该零件的加工步骤如下：①车平一端端面；②粗车、精车
外圆 D；③倒角；④调头，找正夹紧；⑤车另一端面，保证总长 L；⑥粗车、精车
外圆 d；⑦加工两处倒角；⑧检查工件。

知识链接

外圆和端面是常见的轴类、套类零件最基本的表面，车削外圆和端面也是车削加工的基础工作。

1. 工件的装夹方法

车削时，必须将工件装夹在车床的夹具上，经过定位、夹紧，使它在整个加工过程中始终保持正确的位置。由于工件形状、大小的差异和加工精度及数量的不同，在加工时应分别采用不同的装夹方法。

（1）在自定心卡盘上装夹工件 如图 2-52 所示，自定心卡盘的三个卡爪是同步运动的，能自动定心（一般不需找正）。三个"反爪"可用来夹持直径较大的工件。

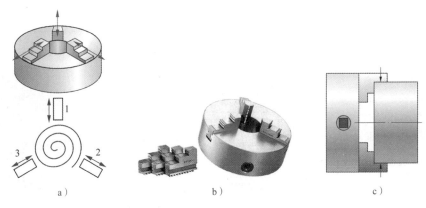

a) b) c)

图 2-52 在自定心卡盘上装夹工件

a）卡爪同步运动 b）三个"反爪" c）反爪夹持

（2）在单动卡盘上装夹工件 如图 2-53 所示，单动卡盘的四个卡爪是各自独立运动的。因此在装夹工件时，必须将工件的旋转中心找正到与车床主轴旋转中心重合后才可车削。单动卡盘找正比较费时，但夹紧力较大，所以适用于装夹大型或形状不规则的工件。

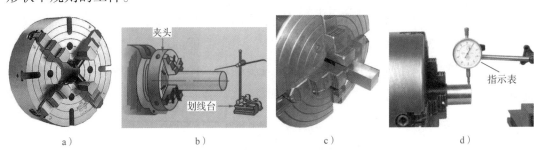

a) b) c) d)

图 2-53 在单动卡盘上装夹工件

a）单动卡盘 b）对毛坯面找正 c）装夹方形工件 d）对已加工表面找正

（3）在两顶尖之间装夹工件　如图 2-54 所示，对于较长或必须经过多道工序才能完成的轴类工件，为保证每次装夹时的精度可用两顶尖装夹。

两顶尖装夹工件方便，不需找正，而且定位精度高，但装夹前必须在工件的两端面钻出合适的中心孔。

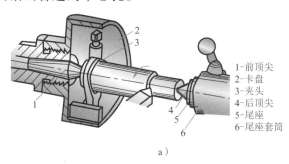

1—前顶尖
2—卡盘
3—夹头
4—后顶尖
5—尾座
6—尾座套筒

a）　　　　　　　　　b）

图 2-54　在两顶尖之间装夹工件

a）示意图　b）实物图

（4）用一夹一顶方法装夹工件　如图 2-55 所示，用两顶尖装夹车削轴类工件虽然优点很多，但其刚性较差，尤其对粗大笨重工件装夹时的稳定性不够，切削用量的选择受到限制，这时通常选用一端用卡盘夹住、另一端用顶尖支承来装夹工件，即一夹一顶装夹工件。

图 2-55　一夹一顶装夹工件

2. 粗车和精车的概念

车削工件，一般分为粗车和精车。图 2-56 所示为粗车刀、精车刀的形状。

断屑槽刃口需有小圆弧　　　　　　刃口锋利但不尖锐

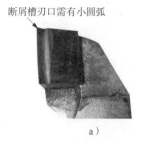

a）　　　　　　　　　b）

图 2-56　粗车刀、精车刀的形状

a）焊接式车刀断屑槽　b）精车刀的刃口形状

（1）粗车　留出一定的精车余量，在车床动力条件允许的情况下，通常采用进刀深、进给量大、低转速的做法，以合理的时间尽快把工件的余量去掉。由于粗车切削力较大，因此，粗车刀应强度高、排屑顺畅，工件必须装夹牢靠。粗车还可以及时发现毛坯材料内部的缺陷，如夹渣、砂眼、裂纹等；也能消除毛坯工件内部残余的应力并防止热变形。

（2）精车　精车是车削的末道工序，为了使工件获得准确的尺寸和规定的表面粗糙度，操作者在精车时，通常把车刀修磨得锋利些，车床的转速调高一些，进给量选得小一些。

3. 车削方法

（1）车端面的方法　车端面时，工件伸出卡盘外部分应尽可能短些，刀具的主切削刃要与端面有一定的夹角。可采用自外向中心进给，也可以采用自圆中心向外进给的方法，如图2-57所示。

车削时用中滑板横向进给，背吃刀量由移动小滑板或床鞍控制。车削端面的步骤如图2-58所示。

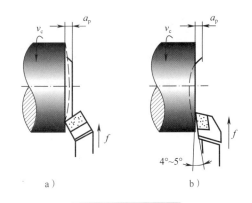

图 2-57　车端面

a）45°车刀向中心进给　b）偏刀向中心进给

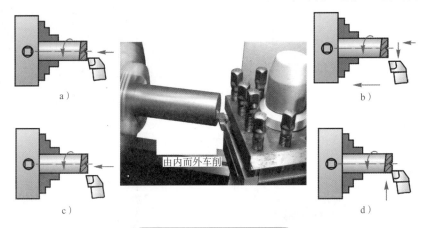

由内面外车削

图 2-58　车削端面的步骤

a）开车对零点　b）横向退出　c）进刀　d）车端面

（2）车外圆的方法　如图2-59所示，车削外圆时，一般需要经过以下几个步骤。

1）准备。根据图样检查工件的加工余量，做到车削前心中有数，大致确定纵向进给的次数。

2）对刀。起动车床使工件旋转，左手摇动床鞍手轮，右手摇动中滑板手柄，使车刀刀尖靠近并轻轻地接触工件待加工表面，以此作为确定背吃刀量的零点位置（图2-59a）。反向摇动床鞍手轮（此时中滑板手柄不动），使车刀向右离开工件3~5mm（图2-59b）。

3）进刀。摇动中滑板手柄，使车刀横向进刀（图2-59c）。

4）正常车削。调节好背吃刀量便可进行车削（图2-59d）。可选择机动或手动纵向进给。当车削到所需部位时，退出车刀，停车测量。如此多次进给，直到被加工表面达到图样要求为止。

图 2-59　车削外圆的步骤

a）开车对零点　b）纵向退刀　c）进刀　d）车外圆

注意：

①为了控制背吃刀量，保证工件的外径尺寸，在车削外圆时，通常要进行试切削和试测量。

其具体方法是：根据工件直径余量的1/2做横向进刀，当车刀在外圆上进给2mm左右时，纵向快速退刀，然后停车测量（注意横向不要退刀）。如果已经符合尺寸要求，就可以直接纵向进给进行车削，否则可按上述方法继续进行试切削和试测量，直至达到要求为止。图2-60所示为车床上外径的测量操作。

a）　　　　　　　　　　　　　　　b）

图 2-60　车床上外径的测量操作

a）用游标卡尺测量外径　b）用千分尺测量外径

②为了确保外圆的车削长度，通常采用先刻线痕、后测量法进行。其具体方法是：在车削前根据需要的长度，用钢直尺、样板或游标卡尺及车刀刀尖在工件的表面刻一条线痕；然后根据线痕进行车削；当车削完毕，再用钢直尺或其他工具复测，

如图 2-61 和图 2-62 所示。

 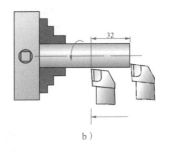

a) b)

图 2-61　用大手轮刻度盘控制长度

a）以大手轮上的刻度环来计算长度　b）在预定的长度以车刀刃口来划线

 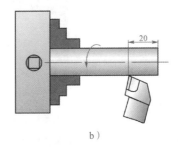

a) b)

图 2-62　用游标卡尺的台阶与刀尖点对齐控制长度

a）以游标卡尺台阶对准刀尖点的划线方式　b）移开游标卡尺进行划线

（3）倒角的方法　当端面、外圆车削完毕后，可进行倒角。其具体方法是：当没有专用倒角车刀时，也可以转动刀架，使车刀的切削刃与工件的外圆成 45° 夹角，移动床鞍至工件的外圆和平面的相交处进行倒角，如图 2-63 所示。C1 是指 45° 倒角在外圆上的轴向距离为 1mm。

a) b)

图 2-63　倒角的方法

a）专用倒角车刀　b）车刀斜摆 45°

4．刻度盘的原理及应用

在车削工件时，为了正确和迅速地掌握背吃刀量，通常利用中滑板或小滑板上的刻度盘进行操作。

如图 2-64 所示，中滑板的刻度盘装在横向进给的丝杠上，当摇动横向进给丝杠转一圈时，刻度盘也转了一周，这时固定在中滑板上的螺母就带动中滑板车刀移动一个导程。如果横向进给丝杠导程为 5mm，刻度盘分为 100 格，当摇动进给丝杠转动一周时，中滑板就移动 5mm，当刻度盘转过一格时，中滑板移动量为 5÷100mm=0.05mm。

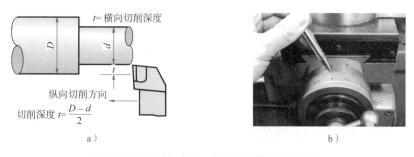

a）　　　　　　　　　　　　　　b）

图 2-64　中滑板刻度盘与横向切削深度

a）横向切削深度　b）横向进给刻度环

　　小滑板的刻度盘用来控制车刀短距离的纵向移动，其刻度原理与中滑板刻度盘相同。

　　必须注意：由于工件是旋转的，用中滑板刻度控制的切削深度应是工件直径上余量的 1/2；而小滑板刻度盘的刻度值则直接表示工件长度方向的切除量。

　　使用刻度盘时，由于螺杆和螺母之间配合往往存在间隙，因此会产生空行程（即刻度盘转动而滑板未移动）。所以使用刻度盘进给过深时（图 2-65a），不可简单地退回到所需刻度（图 2-65b），必须向相反方向退回全部空行程，然后再转到需要的格数（图 2-65c）。

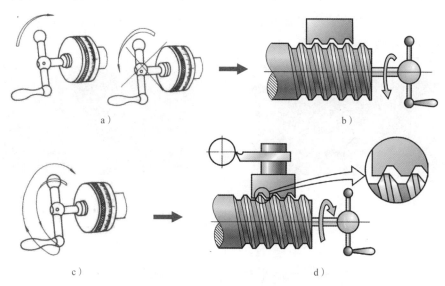

a）　　　　　　　　　　　　　　b）

c）　　　　　　　　　　　　　　d）

图 2-65　消除刻度盘空行程的方法

a）刻度盘进给过深　b）错误：简单退回　c）正确：反向转动 1/2 圈，再转到所需刻度　d）受力后消除间隙

任务实施

1. 准备工作

车削前，准备好设备、工具、量具，准备清单见表 2-4。

表 2-4 设备、工具、量具准备清单

序号	名 称	规 格	数 量	备 注
1	普通车床	CA6140	6 台	
2	车刀	90° YT15	20 把	
		45° YT15	20 把	或者 90° YT15 精车刀
3	量具	游标卡尺	20 把	0.02mm 精度
		千分尺	20 把	0~25mm，50~52mm
		钢直尺	20 把	
4	其他辅具	垫刀片若干，油石条等		
		其他车工常用辅具		
5	毛坯	$\phi 85mm \times 100mm$	20	45 钢

1）安装车刀，如图 2-66 所示，注意装正、夹紧。

 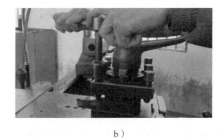

a） b）

图 2-66 装夹车刀

a）用钢直尺保证刀尖与主轴中心等高 b）用扳手拧紧前两个压紧螺栓

2）装夹工件，用自定心卡盘夹住工件外圆 20mm 左右，找正并夹紧，如图 2-67 所示。用钢直尺检查外伸长度，找正后加套管夹紧工件。

a） b）

图 2-67 装夹工件

a）钢直尺检查外伸长度 20mm 左右 b）加套管夹紧工件

3）调整主轴的转速为 $n=250r/min$，如图 2-68 所示。

4）将小滑板左端调整到与中滑板左侧对齐，避免伸出过长而影响刚度，如图 2-69 所示。

图 2-68 调整主轴转速

图 2-69 移动小滑板，使其左侧与中滑板对齐

2. 车削操作步骤

（1）车削端面

1）按下起动按钮，提起操纵杆，使主轴正转（图 2-70）。

a）

b）

图 2-70 主轴带动工件回转

a）按下起动按钮　b）提起操纵杆

2）移动床鞍和中滑板，使车刀接近端面处，轻碰端面（寻边），沿径向退出，记下纵向刻度，或将刻度环置零(注意：应先锁紧刻度环上的螺钉)，如图 2-71 所示。

a）

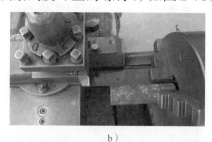

b）

c）

d）

图 2-71 车削端面的步骤

a）双手摇动床鞍与中滑板　(b）车刀接近端面　c）轻碰端面（寻边操作）　d）沿径向退出

 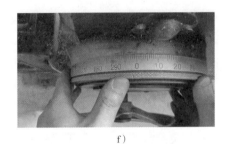

e)　　　　　　　　　　　f)

图 2-71　车削端面的步骤（续）

e) 锁紧刻度环上的螺钉　f) 纵向刻度盘置零

3）旋转纵向手轮，沿轴向进刀，粗车约 1mm，精车 0.1~0.2mm，如图 2-72 所示。

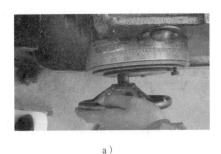 

a)　　　　　　　　　　　b)

图 2-72　进刀

a) 转动床鞍手轮　b) 车刀沿轴向移动一个距离

4）双手握持中滑板横向进给手轮，手动车削端面，如图 2-73 所示。

a)　　　　　　　　　　　b)

图 2-73　车削端面

a) 双手匀速转动中滑板手轮　b) 由外向内进给车削端面

注意：进刀时车刀不要超过工件中心，以免刃口崩裂。

5）重复步骤 3) ~ 4) 至工件尺寸要求。

（2）车削外圆

1）车削外圆前，先用刻线法大致确定需要车削的长度，如图 2-74 所示。

a)　　　　　　　　　　　　　　　b)

图 2-74　刻线法确定车削长度

a）用钢直尺控制刻线位置　b）刻线操作，确定外圆车削长度

2）对刀。左手摇动床鞍手轮，右手摇动中滑板手轮，使刀尖趋近并接触外圆表面，以此作为背吃刀量的零点，如图 2-75 所示。

a)　　　　　　　　　　　　　　　b)

图 2-75　对刀操作

a）双手操作大、中手轮　b）车刀轻碰外圆，进行对刀操作

3）进刀。反向摇动床鞍手柄，车刀纵向退出；摇动中滑板手柄，使车刀横向进刀，其大小通过刻度盘进行控制，如图 2-76 所示。

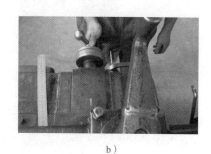

a)　　　　　　　　　　　　　　　b)

图 2-76　进刀操作

a）车刀纵向离开工件 3~5mm　b）转动中滑板手柄，横向进刀

4）粗车外圆。手动进给粗车外圆至 $\phi 78^{+0.6}_{+0.2}$ mm。粗车完毕，用游标卡尺测量（注意检查卡尺的零位），如图 2-77 所示。

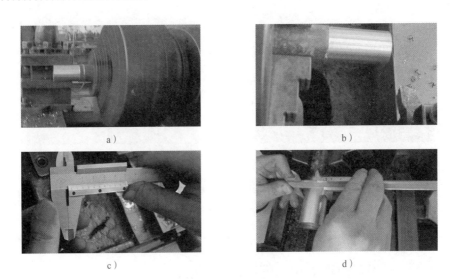

图 2-77　粗车外圆

a）转动小滑板手柄，粗车外圆　b）车刀纵、横向退出　c）测量前，检查游标卡尺的零位　d）停车，测量

5）试切。换精车刀，准备精车。为了保证工件的尺寸，精车前应进行试切检查，根据测量结果，相应调整背吃刀量，如图 2-78 所示。

图 2-78　试切外圆

a）换精车刀，准备进行精车　b）试切2mm左右　c）测量试切的外圆　d）用手轻敲中滑板手柄，对背吃刀量做微量调整

6）精车外圆。调整好背吃刀量后，精车外圆至 $\phi 78mm \pm 0.15mm$，如图 2-79 所示。

提示

精车时为了避免划伤已加工表面，应采取合适的退刀方式，即车削至要求长度时，应先横向退出，再纵向退出。另外，还应注意保持手动进给的均匀一致性。

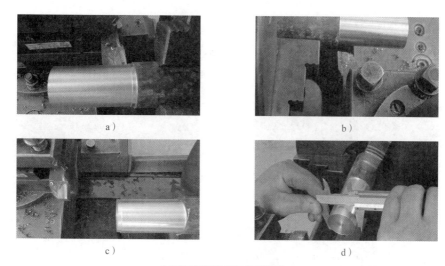

图 2-79　精车外圆

a）精车外圆　b）横向退刀　c）车刀纵向退出　d）精车后检查外径尺寸

7）倒角。将外圆车刀斜摆 45°，可进行倒角操作，如图 2-80 所示。

（3）调头，车削端面和外圆　操作步骤如下。

1）调头装夹工件并找正，如图 2-81 所示。

图 2-80　车刀斜摆 45°，倒角

图 2-81　工件调头装夹并找正

a）松开卡盘，取下工件　b）测量此时工件总长，以便确定所需去除的余量
c）为防止夹坏已加工表面，用铜皮包住工件　d）夹紧工件，并找正

2）粗、精车端面，保证总长 $L=94$mm。

3）粗车外圆至 $\phi\, 76^{+0.6}_{+0.2}$ mm，长 45mm。

4）精车外圆至 $\phi\, 76$mm ± 0.15mm，表面粗糙度值为 $Ra6.3\mu m$，两处倒角达到要求。

5）检查外径、长度和同轴度，符合要求后取下工件，如图 2-82 所示。

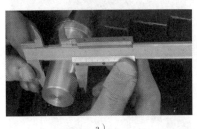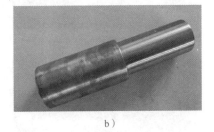

a）　　　　　　　　　　　　　b）

图 2-82　检查

a）测量检查，合格后取下工件　b）成品工件

（4）多次切削　按零件图样中所列各组尺寸要求，重复上述操作步骤。

3．工件的测量

车削加工中，要能正确选用量具并进行测量，以下是最常用的测量长度与外径的量具及测量方法。

（1）钢直尺测量　用于简单的测量，如图 2-83 所示。

a）　　　　　　　　　　　　　b）

图 2-83　钢直尺测量

a）测量长度　b）测量外径

（2）游标卡尺测量　测量时，应该用手扶着测量；外径应读取最小值，内径读取最大值；长度测量需读取最小值，如图 2-84 所示。

a）　　　　　　　　　　　　　b）

图 2-84　游标卡尺测量

a）测量长度　b）测量外径

（3）千分尺测量 测量时，应该用手扶着测量；外径应读取最小值，内径读取最大值，如图 2-85 所示。

图 2-85 千分尺测量外径

任务总结

车端面和外圆时的注意事项如下：

1）车削前应检查滑板位置是否正确，工件装夹是否牢靠，卡盘扳手是否取下。

2）车端面时车刀刀尖一定要对准工件中心，尤其在车削大直径工件时，平面易产生不平，应随时用钢直尺或直角尺检查，图 2-86 所示为用角尺目测检验端面的平面度。

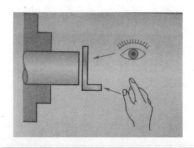

图 2-86 用角尺检验端面的平面度

3）摇动中滑板进给时，注意消除空行程。

4）手动进给尽可能均匀，以免车削表面痕迹粗细不一。

5）车床转速选择要适宜，变换转速时应先停车，否则容易打坏主轴箱内的齿轮。

6）切削时应先开车、后进刀；切削完毕时应先退刀、后停车，否则车刀容易损坏。

7）用手动进给车削时，应把有关进给手柄放在空档位置。

8）调头装夹工件时，最好垫铜皮，如图 2-87 所示，以防夹坏工件。

9）车削时，为避免缠绕，应及时用铁钩清除切屑，如图 2-88 所示。

图 2-87　用于包住已加工表面的铜皮

图 2-88　用铁钩清除切屑

任务评价

任务评价表见表 2-5。

表 2-5　端面和外圆的车削任务评价表

序号	工作内容		配分	完成情况	自评分
1	工件装夹的操作		5		
2	车刀装夹	高度检查	5		
		刀杆伸出长度检查	5		
		车刀的夹紧	5		
3	车床调整		15		
4	外圆尺寸	D	10		
		d	10		
5	长度尺寸	L	5		
		45mm	5		
6	各表面的表面粗糙度		10		
7	职业素质		15		
8	安全文明操作		10		
9	教师评价	存在的问题： 改进措施： 指导教师：　　　　年　月　日			

任务二　车槽和切断

任务目标

1. 能制订简单零件的车削加工工艺，正确选择切削参数。

2. 学会正确装夹工件。

3. 学会车槽和车断。

4. 学会检测零件。

任务描述

图 2-89 所示为台阶轴零件的车槽工序图，将外沟槽车至图中参数要求。

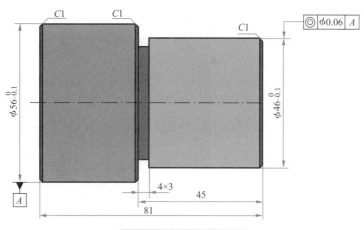

图 2-89 车槽工序图

由图 2-89 可知,本任务需要完成的仅是 4mm×3mm 的外沟槽加工,其关键问题是切槽刀几何参数的选择、刃磨以及切削用量的合理选择。

知识链接

用车削方法加工工件的沟槽称为车槽。

1. 沟槽的种类

沟槽的形状和种类较多,外圆和平面上的沟槽称为外沟槽,内孔的沟槽称为内沟槽。

常见的外沟槽有外圆沟槽、45°轴肩槽、外圆端面轴肩槽、圆弧轴肩槽等,如图 2-90 所示。

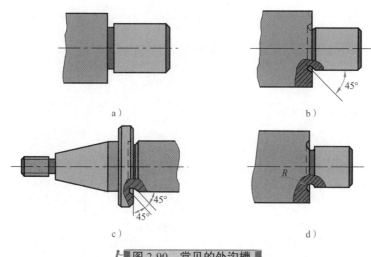

a)   b)

c)   d)

图 2-90 常见的外沟槽

a)外圆沟槽 b)45°轴肩槽 c)外圆端面轴肩槽 d)圆弧轴肩槽

2．切槽（切断）刀

切断刀以横向进给为主，前端的切削刃为主切削刃，两侧的切削刃是副切削刃。一般切断刀的主切削刃较窄，刀体较长，因此刀体强度较差。在选择刀体的几何参数和切削用量时，要特别注意提高切断刀的强度。

矩形切槽刀和切断刀的几何形状基本相似，刃磨方法也基本相同，只是刀头部分的宽度和长度有所区别，有时可以通用。

（1）高速钢切槽（切断）刀

1）片状高速钢切槽（切断）刀的几何形状如图 2-91 所示。

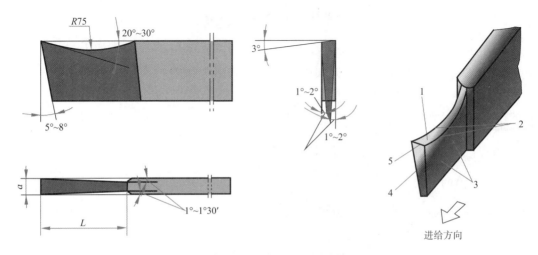

图 2-91　片状高速钢切槽（切断）刀

1—前刀面　2—副切削刃　3—副后刀面　4—主后刀面　5—主切削刃

主切削刃太宽会因切削力太大而产生振动，同时浪费材料；主切削刃太窄又会削弱刀体强度。因此主切削刃宽度 a 可用经验公式计算，即

$$a \approx (0.5 \sim 0.6)\sqrt{d}$$

式中　a——主切削刃宽度（mm）；

d——工件待加工表面直径（mm）。

刀头长度 L 要适中，刀头太长容易引起振动，甚至会使刀头折断。一般采用经验公式计算，即

$$L = h + (2 \sim 3\text{mm})$$

式中，h 为切入深度，长度如图 2-92 所示。

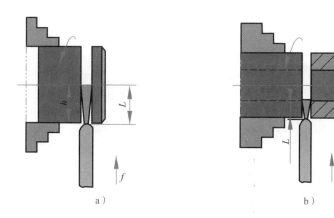

图 2-92　切断刀的刀头长度

a）切断实心工件时　b）切断空心工件时

例：切断外径为 36mm、孔径为 16mm 的空心工件，试计算切断刀的主切削刃宽度 a 和刀头长度 L。

解：
$$a \approx (0.5\text{~}0.6)\sqrt{d} = (0.5\text{~}0.6) \times \sqrt{36}\ mm = 3\text{~}3.6mm$$
$$L = h + (2\text{~}3mm) = [(36-16)/2 + (2\text{~}3)]mm = 12\text{~}13mm$$

2）高速钢弹性切槽（切断）刀。弹性切槽（切断）刀是将切断刀做成刀片，再装夹在弹性刀柄上。当进给量过大时，弹性刀柄受力变形，刀柄的弯曲中心在刀柄上面，刀头会自动让刀，可避免扎刀，防止切槽（切断）刀折断，如图 2-93 所示。

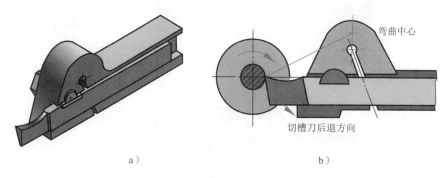

图 2-93　弹性切槽（切断）刀及其应用

a）弹性切槽刀　b）应用

3）高速钢反切刀。切削直径较大的工件时，由于刀头较长，刚性较差，容易引起振动。这时可采用反向切断法，即工件反转，用反切刀来切断。这样切断时，切削力 F_c 的方向与工件重力 G 方向一致，不容易引起振动。另外，反向切断时，切屑从刀下面排出，不容易堵在工件槽内，如图 2-94 所示。

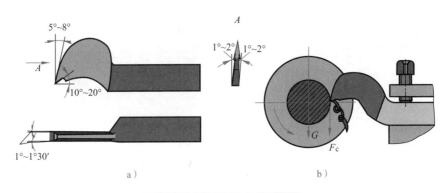

图 2-94 反切刀及其应用

a）反切刀 b）反切刀的应用

（2）硬质合金切槽（切断）刀 用硬质合金切断刀高速切断工件时，切屑和工件槽宽相等容易堵塞在槽内。为了排屑顺利，可把主切削刃两边倒角磨成人字形，如图 2-95 所示。

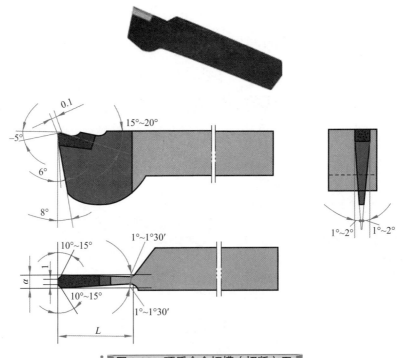

图 2-95 硬质合金切槽（切断）刀

高速切断时，会产生很多热量。为防止刀片脱焊，在开始切断时应充分浇注切削液。为增强刀体的强度，常将切断刀的刀体下部做成凸圆弧形。

3. 车槽（切断）时切削用量的选择

（1）背吃刀量 a_p 车槽时的背吃刀量等于切槽刀主切削刃宽度 a。

（2）进给量 f 和切削速度　车槽时进给量和切削速度的选择见表 2-6。

表 2-6　车槽时进给量和切削速度

刀 具 材 料	高速钢切槽刀		硬质合金切槽刀	
工件材料	钢	铸铁	钢	铸铁
进给量 f/（mm/r）	0.05~0.1	0.1~0.2	0.1~0.2	0.15~0.25
切削速度/（m/min）	25~30	15~25	60~80	50~70

4．车槽的方法

（1）车精度不高且宽度较窄的沟槽　可用主切削刃宽度 a 等于槽宽的切槽刀，采用直进法一次进给车出，如图 2-96 所示。

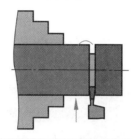

图 2-96　用直进法车沟槽

（2）车精度要求较高的沟槽　一般采用两次进给完成，即第一次进给车沟槽时，用刀宽窄于槽宽的切槽刀粗车，槽壁两侧留有精车余量，第二次进给时用等宽切槽刀修整。也可用原切槽刀根据槽深和槽宽进行精车，如图 2-97 所示。

（3）车削宽度较大的沟槽　可用多次直进法切割，并在槽壁两侧留有精车余量，然后根据槽深和槽宽精车至尺寸要求，如图 2-98 所示。

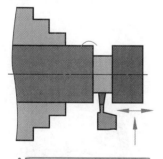

图 2-97　沟槽的精车

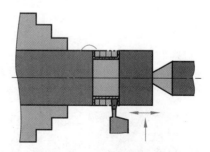

图 2-98　车削宽度较大的沟槽

车削宽度较大沟槽的具体步骤为：

1）划线确定沟槽的轴向位置。

2）粗车成形，在两侧槽壁及槽底留 0.1~0.3 ㎜ 的精车余量。

3）精车基准槽壁精确定位。

4）精车第二槽壁，通过试切削保证槽宽。

5）精车槽底保证槽底直径。

5. 沟槽的检测

1）当沟槽精度要求不高，且宽度较窄时，可用游标卡尺测量其直径，如图 2-99 所示；用钢直尺测量其槽宽，如图 2-100 所示。

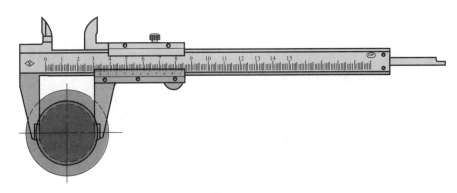

图 2-99 用游标卡尺测量沟槽直径

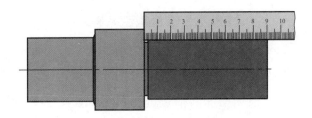

图 2-100 用钢直尺测量沟槽宽度

2）对于精度要求较低的沟槽，可用钢直尺和外卡钳分别测量其宽度和直径，如图 2-101 所示。

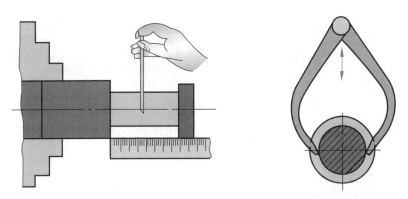

图 2-101 用钢直尺和外卡钳测量宽度和直径

3）对于精度要求较高的沟槽，通常用千分尺测量其直径，并用样板检查其宽度，如图 2-102 所示。

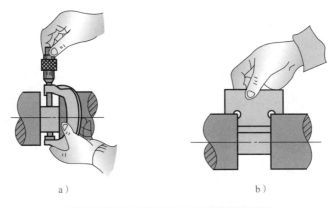

a) b)

图 2-102 检测精度要求较高的沟槽

a) 用千分尺测量沟槽直径 b) 用样板检查沟槽宽度

6. 切断时容易产生的问题及注意事项

（1）切断后端面凹凸不平

1）切断刀两侧刀尖刃磨或磨损不一致，切断中造成让刀，使工件端面凹凸不平。

2）主切削刃与轴线不平行，夹角较大，在切削力作用下刀头偏斜，使切断的工件端面凹凸不平，如图 2-103 所示。

3）切断刀安装歪斜，两副偏角不对称，其中一侧副切削刃与工件端面相接触挤压工件端面，使切断的工件端面凹凸不平。

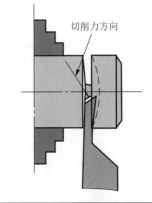

图 2-103 工件端面凹凸不平

（2）切断时产生振动的原因

1）主轴轴承间隙过大。

2）切断时转速过高，进给量过小。

3）切断的棒料过长，在离心力作用下产生振动。

4）切断刀远离工件支承点或切断刀伸出过长。

5）工件刚度不足。

（3）切断刀折断的原因

1）工件装夹不牢固，切断部位远离卡盘夹持处，切断时在切削力的作用下，工件被抬起而打断切断刀。

2）切断时排屑不畅而产生堵屑，造成切削部位负荷增大而折断刀头。

3）切断刀的副偏角和副后角磨得过大，降低了切断刀的强度。

4）切断刀主切削刃与工件轴线不平行，切断时被挤偏而折断。

5）切断刀前角过大，切削时进给量过大。

6）床鞍、中滑板、小滑板间隙过大，切断时产生"扎刀"而折断刀头。

（4）工件在两顶尖之间装夹时，不能直接切断　工件采用一夹一顶装夹时，不可直接切断，应在工件将要切断时退出尾座顶尖，将工件折断或拆下工件将其敲断。

任务实施

本任务需要完成对 4mm×3mm 外沟槽的加工，为此，需要先准备好合适的切槽刀。

1. 刃磨切槽刀

（1）准备工作（见表 2-7）

表 2-7　准备清单

序　号	项　目	内　容	规　格
1	工艺装备	砂轮机	
		白色氧化铝砂轮	粗磨：粒度号为 F46~F60
			精磨：粒度号为 F80~F120
		油石	
2	量具	钢直尺	
		90°角度样板	
		游标卡尺	0.02mm/(0~150mm)
3	切槽刀	刀具材料	高速钢刀片，横截面尺寸为 12mm×5mm
		几何参数	主切削刃宽度 a=4mm，刀头长度 L=11mm，副偏角 κ'_r=1°30′，前角 γ_o=25°，后角 α_o=6°，副后角 α'_o=1°30′

（2）操作步骤

1）粗磨切槽刀如图 2-104 所示。

a）　　　　　　　b）　　　　　　　c）　　　　　　　d）

图 2-104　粗磨切槽刀

a）粗磨左侧副后刀面　b）粗磨右侧副后刀面　c）粗磨主后刀面　d）粗磨前刀面

①选择砂轮。选用粒度号为 F46~F60、硬度为 H~K 的白色氧化铝砂轮。

②粗磨两侧副后刀面。两手握刀，车刀前刀面向上，同时磨出左侧副后角 $\alpha'_o=1°30'$ 和副偏角 $\kappa'_r=1°30'$。同理，磨出右侧副偏角和副后角。对于主切削刃宽度，要注意留出 0.5mm 的精磨余量。

③粗磨主后刀面。两手握刀，车刀前刀面向上，磨出主后刀面，保证后角 $\alpha_o=6°$。

④粗磨前刀面。两手握刀，车刀前刀面对着砂轮磨削表面，粗磨前刀面和卷屑槽，保证前角 $\gamma_o=25°$。

? 提 示

为了使切削顺利，在切断刀的弧形前刀面上磨出卷屑槽，卷屑槽的长度应超过切入深度，但卷屑槽不可过深，一般槽深为 0.75~1.5mm，否则会削弱刀头强度，如图 2-105 所示。

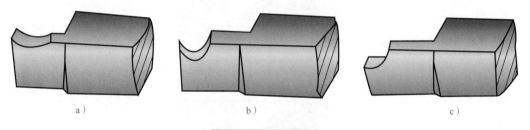

a)   b)   c)

图 2-105 卷屑槽

a）刃磨合适　b）卷屑槽过深　c）前刀面被磨低或磨成台阶

2）精磨切槽刀。选用粒度为 F80~F120、硬度为 H~K 的白色氧化铝砂轮，分别修磨主后刀面、两侧副后刀面、卷屑槽及刀尖圆弧，保证主切削刃平直、切削刃宽度 $a=4mm$，两副后角和两副偏角对称。

2. 车槽

（1）准备工作

1）工艺装备。

毛坯：精车后的台阶轴如图 2-106 所示。

卧式车床、自定心卡盘、高速钢切槽刀。

量具：0.02mm/（0~150mm）的游标卡尺。

2）装夹工件，调整机床：用自定心卡盘垫上铜皮装夹工件，如图 2-107 所示。选取进给量 $f=0.15mm/r$，将车床主轴转速调整为 200r/min。

图 2-106　毛坯件

图 2-107　装夹工件

3）装夹切槽刀。把刃磨好的切槽刀装夹在刀架上，如图 2-108 所示。装夹时要注意切槽刀不宜伸出过长；切槽刀的主切削刃必须与工件轴线平行；切槽刀的中心线必须与工件轴线垂直，以保证两个副偏角对称等。图 2-109 所示为用直角尺检查切槽刀的两个副偏角的对称情况。

图 2-108　切槽刀装（换）至刀架上

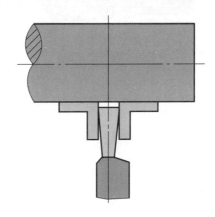

图 2-109　用直角尺检查切槽刀的两个副偏角的对称情况

（2）操作步骤

1）对刀。

①起动车床，左手摇动床鞍手轮，右手摇动中滑板手柄，使刀尖趋近并轻轻接触工件右端面进行对刀，然后横向退刀。

②记住床鞍刻度盘的刻度或置 "0"，如图 2-110 所示。

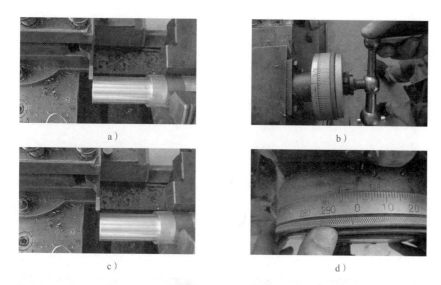

a)   b)

c)   d)

图 2-110 对刀

a）切槽刀轻碰右端面，确定长度方向　b）逆时针转动中滑板手柄　c）切槽刀横向退出　d）床鞍刻度盘置"0"位

2）确定沟槽位置。摇动床鞍手轮，利用床鞍刻度盘的刻度使车刀向左移动45mm，确定沟槽位置，如图 2-111 所示。

a)   b)

图 2-111 确定沟槽位置

a）转动床鞍手轮　b）移动刀具至切槽位置，准备试切

3）试切沟槽，如图 2-112 所示。

①转动中滑板手柄，使车刀轻触工件 ϕ46mm 外圆，记下中滑板刻度值，或把此位置调至中滑板刻度盘的"0"位，用以作为横向进给的起点。

②计算出中滑板的横向进给量，中滑板应进给 160 格。

③横向进给车削工件 2mm 左右，横向快速退出车刀。

④停车，测量沟槽左侧槽壁与工件右端之间的距离，根据测量结果，利用小滑板刻度盘相应地调整车削位置，直至测量结果符合要求

4）车沟槽。如图 2-113a~c 所示，双手均匀摇动中滑板手柄，车外沟槽至 ϕ（40±0.15）mm。若槽宽大于刀宽，则可采用多次直进法进行切削。

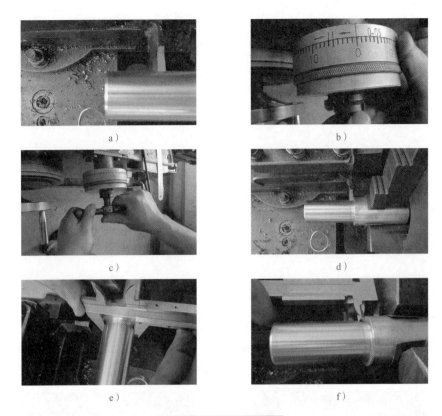

图 2-112　试切沟槽

a）切断刀主切削刃轻碰外圆表面，进行对刀操作，确定深度方向基准　b）调整中滑板手柄刻度"0"位

c）转动中滑板手柄，进行试切　d）试切槽深约 1~2mm　e）游标卡尺测量试切后直径　f）游标卡尺测量试切后槽宽

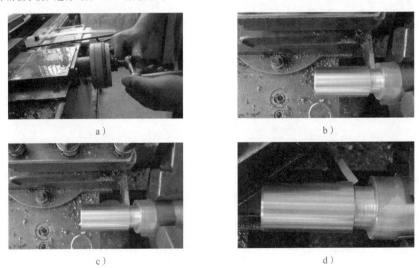

图 2-113　车沟槽及倒角

a）双手均匀转动中滑板手柄，横向进刀　b）精车基准槽壁，精确定位槽底精车

c）精车第二槽壁，保证槽宽；精车槽底保证槽底直径　d）倒角

5）倒角 C1。将 45° 车刀调整至工作位置，或者斜摆切槽刀进行倒角，如图 2-113d 所示。车床主轴转速为 400r/min。

6）检测合格，取下工件。用游标卡尺测量沟槽的位置尺寸（45mm）、沟槽宽度 a（4mm）、沟槽深度（3mm）。检查倒角 C1。合格后，取下工件，如图 2-114 所示。图 2-115 所示为加工后的成品。

图 2-114　取下工件

图 2-115　成品

任务总结

1. 刃磨切槽刀的注意事项

1）刃磨切槽刀时，主、副偏角与副后角要对称，不可过大，否则会使刀头强度变差，易折断。

2）刃磨切槽刀时要注意两侧副切削刃与主切削刃之间对称和平直。

3）切槽刀安装时，注意刀的中线要与工件的轴线垂直。

4）切槽刀使用过程中发现磨损，必须立即进行修磨，防止出现内槽狭窄、外口大的喇叭形。

5）由于切槽刀的强度较弱，注意合理选择转速和进给量。

2. 车槽时的注意事项

1）刀尖应严格对准工件旋转中心，否则底平面无法车平。

2）车刀横向切削至接近底平面时，应停止机动进给，用手动进给代替，以防碰撞底平面。

3）由于视线受影响，车底平面时可以通过手感和听觉来判断其切削情况。

4）车底槽时，注意与底平面平滑连接。

5）应利用中滑板刻度盘的读数，控制沟槽的深度和退刀的距离。

知识拓展

车外沟槽时产生废品的原因及预防方法见表 2-8。

表 2-8　车外沟槽时产生废品的原因及预防方法

废品种类	产生原因	预防方法
沟槽宽度不正确	1）切槽刀主切削刃刃磨得不正确 2）测量不正确	1）根据沟槽宽度刃磨切槽刀 2）仔细、正确测量
沟槽位置不正确	测量和定位不正确	正确定位，并仔细测量
沟槽深度不正确	1）没有及时测量 2）尺寸计算错误	1）车槽过程中及时测量 2）仔细计算尺寸，对留有磨削余量的工件，车槽时必须把磨削余量考虑进去
沟槽槽底一侧直径大、一侧直径小	切槽刀的主切削刃与工件轴线不平行	装夹切槽刀时必须使主切削刃与工件轴线平行
槽底与槽壁相交处出现圆角，槽底中间直径小、靠近槽壁处直径大	1）切槽刀主切削刃不直或刀尖圆弧太大 2）切槽刀磨钝	1）正确刃磨切槽刀 2）切槽刀磨钝后应及时修磨
槽壁与工件轴线不垂直，使内槽狭窄而外口大，呈喇叭形	1）切槽刀磨钝后让刀 2）切槽刀角度刃磨不正确 3）切槽刀的中心线与工件轴线不垂直	1）切槽刀磨钝后应及时刃磨 2）正确刃磨切槽刀 3）装夹切槽刀时应使其中心线与工件轴线垂直
槽底与槽壁产生小台阶	多次车削时接刀不当	正确接刀，或留出一定的精车余量
表面粗糙度达不到要求	1）两副偏角太小，产生摩擦 2）切削速度选择不当，没有加注切削液润滑 3）切削时产生振动 4）切屑拉毛已加工表面	1）正确选择两副偏角的数值 2）选择适当的切削速度，并加注切削液润滑 3）采取防振措施 4）控制切屑的形状和排出方向

任务评价

任务评价表见表 2-9。

表 2-9　车槽和切断任务评价表

序　号	工 作 内 容		配　分	实 训 情 况	自 评 分
1	切槽刀刃磨	尺寸检查	10		
		切削刃检查	10		
		刀面检查	10		
2	车槽	槽宽尺寸	15		
		槽深尺寸	15		
3	表面粗糙度		15		
4	职业素质		15		
5	安全文明操作		10		
6	教师评价	存在的问题： 改进措施： 　　　　　　　　　　　　　　指导教师：　　　　　年　月　日			

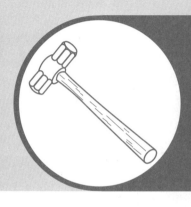

单元三 铣工实训

铣 工 实 训

单元综述

　　本单元主要介绍铣床及其应用的知识，通过两个项目的技能训练及实践，可掌握中级铣工的知识和技能，达到相应的国家职业资格水平。

项目一　铣床的操作与维护

学习目标

1. 熟悉铣床的结构。
2. 会操作、维护普通立式铣床。
3. 掌握铣工的安全文明操作规程。

项目描述

　　铣床是一种加工范围较广泛的加工设备，使用多刃铣刀可对平面、沟槽、特形表面等进行加工，是一种使用十分普遍的机床。普通立式铣床由于其占地面积小，功能较齐全，成本相对较低，受到学校、企业的青睐。本项目将以万能滑枕升降台立式铣床为例介绍铣床的基本操作方法，如图 3-1 所示。

控制面板
万能铣头
工作台
升降台
底座

图 3-1　万能滑枕升降台立式铣床

主电动机

滑枕

床身

图 3-1 万能滑枕升降台立式铣床（续）

知 识 链 接

1. 铣床的型号

图 3-2 所示为该机床的铭牌，型号为 X5746/2，其中，X 表示铣床，5 表示立式升降台铣床组，7 表示万能铣床系，46 为机床的主参数代号，表示工作台工作面宽度为 460mm。

万能滑枕升降台铣床	
型 号	X5746/2
工作台工作面宽度	460 mm
工作台工作面长度	2000 mm
出 厂 编 号	200601001
桂林机床股份有限公司	

图 3-2 铣床的铭牌

2. 铣床上的运动形式

铣削以主轴（铣刀）的旋转运动为主运动，以工件或铣刀的移动为进给运动。在滑枕升降台立式铣床上，可实现的进给运动形式为：

1）纵向进给运动。工作台（工件）的左右纵向移动。

2）垂直方向进给运动。工作台（工件）的垂直升降。

3）横向进给运动。滑枕的前后横向移动。

此外，还有万能铣头的旋转运动，如图 3-3 所示。

图 3-3 铣床上的运动

3. 铣床的主要结构及功能

铣床的主要部件有万能铣头、滑枕、床身及其内部的进给箱、圆筒进给箱、升降台、工作台及底座。

（1）万能铣头　万能铣头由前后两个滑座组成，两个滑座的回转面成45°，内部安装两对弧齿锥齿轮，一对相交成45°，另一对相交成135°，前滑座在后滑座的环形T形槽中回转，后滑座在滑枕端法兰的环形T形槽中回转，由于两个45°滑座的回转，使万能铣头可以合成空间任意角度，如图3-4所示。

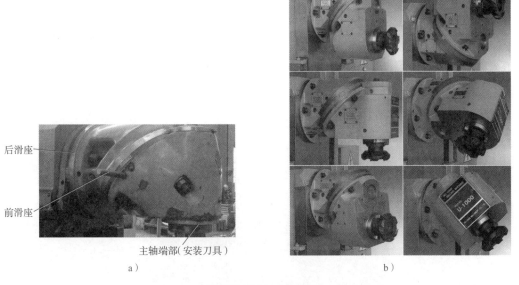

后滑座

前滑座

主轴端部（安装刀具）

a）

b）

图 3-4　万能铣头

a）结构组成　b）合成空间任意角

（2）滑枕　如图3-5所示，滑枕安装在床身的上部，起实现横向进给和主运动变速箱体的作用。后端安装电动机，经弹性联轴器传给变速箱，经过3×3×3三组齿轮传动，主轴可获得27级转速，最高转速为2050r/min，最低转速为30r/min。

主轴变速手柄

图 3-5　滑枕

（3）床身　床身为箱式结构，上部设有滑枕导轨，后部安装进给箱，前面有方形导轨可供升降台滑动，整个床身安装在底座上，形成牢固连接。图3-6所示为床身上的升降及横向运动导轨。

（4）进给箱　进给箱主要负责调节进给电动机的转速。图3-7所示为进给箱所调节的宽调速直流进给电动机。

图 3-6　床身上的导轨　　图 3-7　进给箱所调节的宽调速直流进给电动机

左侧标注：滑枕横向进给运动的燕尾形导轨；升降运动的方形导轨

（5）圆筒进给箱　如图 3-8 所示，圆筒进给箱的主要作用是分配横向进给运动给滑枕，通过操作中部的爪形结合子使机动与手动结合或脱开。圆筒进给箱装有爪形结合子弹簧复位操纵机构。

碰销　　挡块

滑枕横向机动进给刹紧手柄　　滑枕机动结合手柄

图 3-8　圆筒进给箱

床身上部滑枕的下方装有碰销及起锁机构，以实现达到某行程长度时进给自动停止。

（6）升降台　升降台后部设有方形导轨，升降台可以在床身的方形导轨上滑动，下面有升降丝杠，当丝杠转动时即可使工作台升降。

当运动传给升降台内部各一对爪形结合子，分配给升降进给时，可实现工作台的机动升降的运动；该结合子用弹簧复位，处于中间位置时可以手动。

爪形结合子的操纵采用的碰销及起锁机构均与滑枕相同。升降碰销伸到床身方形导轨与相应 T 形

挡块　碰销

图 3-9　升降台上的碰销及挡块

槽上的碰块相碰，如图 3-9 所示。

（7）工作台 工作台主要起装夹铣床夹具和工件的作用，当运动传给升降台内部各一对爪形结合子，分配给纵向进给时，工作台可以在燕尾形导轨上做左右纵向滑动，工作台底面装有丝杠及矩形键传动轴，带动工作台移动，如图 3-10 所示。

爪形结合子的操纵采用的碰销及起锁机构均与滑枕相同。纵向碰销块伸出到工作台前方，可与工作台前方 T 形槽的碰块相碰，如图 3-11 所示。

图 3-10 工作台沿着底部燕尾形导轨移动   图 3-11 工作台上的碰销

（8）底座 图 3-12 所示是方箱形结构的底座，它承受整个机床的重量并与床身升降台丝杠座连接在一起，成为一个整体。底座结构中空，可以装切削液。

（9）控制面板 该铣床的变速变向操作采用控制面板集中控制，如图 3-13 所示。可实现主轴的正反转选择及开停切换、手动、机动进给切换、切削液的开关，可通过调节电流的大小，对进给速度进行调整。

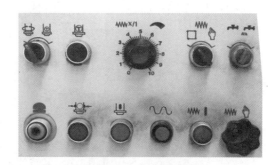

图 3-12 底座   图 3-13 控制面板

（10）铣床上的手柄及手轮 铣床上的手柄及手轮大部分集中在升降台的前方，如图 3-14 所示。手柄及手轮主要控制工作台纵向的手动、机动进给，升降台的上下手动、机动进给及滑枕的横向手动进给。

控制滑枕横向手动进给有两个手轮，一个安装在机床的左侧，另一个安装在升降台的前方。

工作台刹
紧手柄

滑枕手动手轮
（升降台前方）

工作台机动结合
手柄

工作台手动手轮

升降台机动结合
手柄

升降台刹紧手柄

滑枕机动液
压操纵手柄

升降台手动
手柄

图 3-14　铣床上的手柄及手轮

项 目 实 施

万能滑枕升降台立式铣床的基本操作方法如下：

1. 铣床起动、停止操作

1）检查铣床的开关、手柄和手轮是否处于停机时的正确位置。

2）将电源开关锁旋至"1"位置，即扳动电源总开关由"OFF"至"ON"位置，电源由"断开"至"接通"状态，铣床通电；反之，铣床断电，如图 3-15a 所示。

3）根据顺逆铣削方式，选择操作面板上主轴的转向，如图 3-15b 所示。

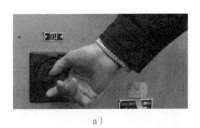
a）

b）

图 3-15　机床的开机操作

a）起动电源　b）选择主轴转向

2. 铣床主轴转速的变速操作

1）查机床上的铭牌表，找出要调整的铣床主轴转速在哪个档位，如图 3-16a 所示。

2）将手柄拨到相应的档位上，如图 3-16b 所示。

3）按下操作面板上的绿色起动键，主轴转动，如图 3-16c 所示；按下操作面板上的红色停止键，主轴停转，如图 3-16d 所示。

a）   b）

 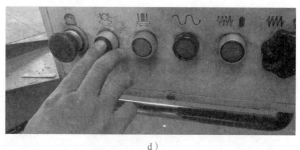

c）   d）

图 3-16　主轴变速操作

a）查主轴转速铭牌表　b）拨动主轴手柄，进行调速　c）按下起动键　d）按下停止键

3. 铣床的进给运动操作

（1）手动进给操作

1）滑枕的横向移动。

①检查铣床是否正常，滑枕运动有无障碍。

②使滑枕刹紧手柄均处于中位，如图 3-17a 所示。扳动滑枕机动进给操作手柄，使其也处于空档，如图 3-17b 所示。旋转升降台前方或机床左侧的滑枕手动进给手轮，使滑枕做前后横向移动，如图 3-17c 所示。

a）   b）

图 3-17　滑枕的手动进给操作

a）松开滑枕刹紧手柄　b）滑枕机动进给操作手柄处于空档

c）

图 3-17　滑枕的手动进给操作（续）

c）转动滑枕手动横向进给手柄

2）工作台的升降。

①检查铣床是否正常，工作台升降运动有无障碍。

②扳动升降台机动结合手柄，使其处于空档，如图 3-18a 所示。用一定压力将升降台手动手柄推进，接通离合器，顺时针摇动，升降台上升；反之，升降台下降。升降台手动手柄脱开时，则停止，如图 3-18b 所示。

a）　　　　　　　　　　　　　　　　　　b）

图 3-18　工作台的手动升降操作

a）使升降台机动结合手柄处于空档　b）将手柄压入并转动，升降台做升降运动

3）工作台的纵向移动。

①检查铣床是否正常，工作台纵向运动有无障碍。

②扳动工作台机动结合手柄，使其处于中档，如图 3-19a 所示。顺时针转动工作台手动手轮，工作台向右移动；反之，工作台向左移动，如图 3-19b 所示。

a）　　　　　　　　　　　　　　　　　　b）

图 3-19　工作台的纵向手动进给

a）工作台机动结合手柄处于中档　b）转动工作台纵向进给手轮

（2）机动进给操作

1）滑枕的横向移动。

①检查铣床是否正常，滑枕运动有无障碍。

②滑枕做前后横向移动前，先接通滑枕机动进给结合手柄，如图 3-20a 所示。然后扳动滑枕的机动进给手柄。滑枕的机动进给手柄为复式手柄，有三个位置，即向前进给（图 3-20b）、向后进给（图 3-20c）和停止（图 3-20d）。扳动手柄，手柄的指向就是滑枕的机动进给方向。

a）   b）

c）   d）

图 3-20 滑枕的横向机动进给

a）松开滑枕刹紧手柄 b）向前扳动滑枕机动结合手柄，滑枕前进

c）向后扳动滑枕机动结合手柄，滑枕后退 d）滑枕机动进给操作手柄处于空档

2）工作台的升降。

①检查铣床是否正常，工作台升降运动有无障碍。

②脱开升降台手动手柄，如图 3-21a 所示。接通升降台机动结合手柄，该手柄也为复式手柄，有三个位置，即向上进给（图 3-21b）、向下进给（图 3-21c）和停止（图 3-21d）。扳动手柄，手柄的指向就是工作台的机动进给方向。

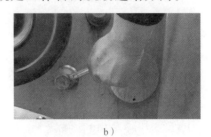

a）   b）

图 3-21 工作台的升降机动进给操作

a）脱开升降台手柄 b）向上扳动升降台结合手柄，工作台上移

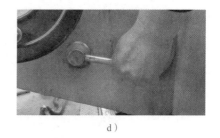

c ）　　　　　　　　　　　　　　d ）

图 3-21　工作台的升降机动进给操作（续）

c）向下扳动升降台结合手柄，工作台下移　d）使升降台机动结合手柄处于空档

3）工作台的纵向移动。

①检查铣床是否正常，工作台纵向运动有无障碍。

②接通工作台的机动结合手柄，如图 3-22a 所示。工作台的机动结合手柄为复式手柄，有三个位置，即向右进给（图 3-22b）、向左进给（图 3-22c）和停止（图 3-22d）。扳动手柄，手柄的指向就是工作台的机动进给方向。

图 3-22　工作台纵向机动进给操作

a）松开工作台纵向刹紧手柄　b）工作台机动结合手柄向右扳动，工作台右移
c）工作台机动结合手柄向左扳动，工作台左移　d）工作台机动结合手柄处于空档

4. 刻度盘的操作

纵、横向刻度盘的圆周刻线共 120 格，转一圈，工作台移动 6mm，转过一格，工作台移动 0.05mm，如图 3-23a 所示；垂直升降方向刻度盘的圆周刻线共 40 格，转一圈，工作台升降 2mm，转一格，升降 0.05mm，如图 3-23b 所示。摇动手柄或手轮，通过刻度盘控制工作台在各进给方向的移动距离。

a ）　　　　　　　　　　　　　　　　b ）

图 3-23　刻度盘的操作

a）纵、横向手轮上的刻度盘　b）升降手柄上的刻度盘

摇动各进给方向手柄或手轮，使工作台在某一方向移动要求的距离，若手柄摇过头，不能直接退回到要求的刻线处，而应将手柄退回一转后，再重新摇到要求的数值。

项 目 总 结

铣床的操作顺序可归纳如下：

1）用手摇动各手动进给操作手柄，做手动进给检查。

2）将电源开关接通，主轴换向开关扳至要求的转向。

3）调整主轴转速，按起动按钮，使主轴旋转。

4）调整工作台每分钟进给量，扳动工作台自动进给操作手柄，使工作台做自动进给运动。

5）工作台进给完毕，将自动进给操作手柄扳至原位，按主轴"停止"按钮，主轴停转。

6）操作完毕，使工作台在各方向处于中间位置。

知 识 拓 展

1. 练习时的注意事项

（1）手动进给时

1）当工作台被锁紧时，不允许摇动进给手柄进给。

2）当摇动手柄超过所需刻线时，不能直接退回到刻线处，应将手柄退回约一圈，再摇回刻线处，以消除间隙。

3）摇转手柄时，速度要均匀适当，摇转后应将手柄离合器与丝杠脱开，以防伤人。

（2）机动进给时

1）某方向机动进给时，各紧固手柄应松开；当工作台某方向被锁紧时，不允许该方向机动进给。

2）加工时，当工作台沿某一方向机动进给时，为减少振动，其他两个方向应紧固。如图3-24所示，当工作台做升降运动时，应紧固滑枕及工作台的机动进给紧固手柄。

a）

b）

图 3-24　紧固其他两个方向紧固手柄

a）紧固滑枕横向机动紧固手柄　b）紧固工作台纵向紧固手柄

3）不允许两个或多个方向同时进给。

（3）变速时

1）主轴变速时，扳动手柄要求推动速度快一些，在接近最终位置时，推动速度减慢，便于齿轮啮合；主轴转动时，严禁变速。

2）进给变速时，若手柄无法推回原位，应将机动手柄开动一下；机动进给时，严禁变换进给速度。

2. 铣工安全文明操作规程

铣床操作具有一定的危险性，若不注意安全事项，极可能造成人员伤害、机械损坏、零件不合格等，故每一位操作者都必须熟悉安全操作规程。具体叙述如下：

（1）操作前

1）操作者必须穿工作鞋、工作衣，戴防护眼镜，以防铁屑飞溅烫伤，严禁戴手套操作铣床，如图3-25所示。

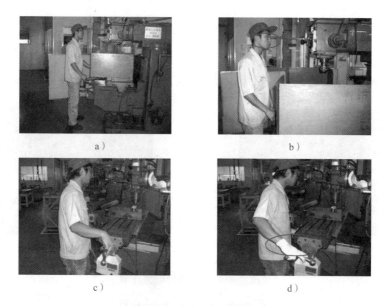

图 3-25　铣床操作规程

a）穿戴正确　b）未戴防护眼镜　c）正确：不戴手套操作　d）错误：严禁戴手套

2）检查立柱、滑板、升降台及各滑动面的润滑油液位，若不足，必须手动加入规定的润滑油，图 3-26 所示是常见的润滑装置及加注方式。

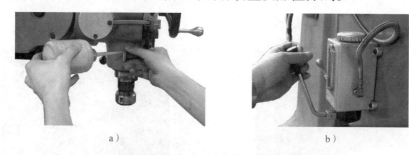

图 3-26　常见的润滑装置及加注方式

a）油杯加油润滑　b）集中式手动润滑装置

3）工作台上不能堆放工具、量具、零件、扳手等，如图 3-27 所示。

图 3-27　工作台上不能堆放物品

a）正确　b）错误

4）检查各操作手柄是否处于空档位置，摇动各轴手柄，确认工作台 X、Y、Z 方向均运行顺畅，低速起动主轴运行 2~3min，确认一切正常方能使用。

5）检查各方向进给挡块是否在限位范围内，如图 3-28 所示。

a ）   b ）

图 3-28   限位挡块的放置

a）正确   b）错误：靠近尽头

（2）操作中

1）操作者应集中精神，做到人离机床必停车。

2）切削时，禁止用手摸切削刃和加工部位，如图 3-29 所示；装卸、测量和检查工件时，主轴必须停转，如图 3-30 所示。

图 3-29   禁止用手摸   图 3-30   测量时，主轴停转

3）开始加工时先用手动进给，然后逐步自动进给。

4）铣床快慢档切换时，必须先停车，切换后用手转动主轴，检查齿轮是否啮合，防止打坏齿轮。

5）用飞刀切削时，必须用钢丝网罩罩住加工区，防止铁屑飞出将人烫伤，如图 3-31 所示。

6）遇到紧急情况时，可按下控制面板上的急停按钮，如图 3-32 所示。

图3-31 用钢丝网罩罩住加工区

图3-32 按下急停按钮

（3）加工结束 应清扫机床，整理环境，并将工作台停于丝杠的中间位置，在Z轴方向降至最低，关闭电源，如图3-33所示。

a）

b）

图3-33 清理机床

a）用毛刷清扫工作台上的切屑 b）用棉纱擦拭导轨面

项目评价

项目评价表见表3-1。

表3-1 铣床的操作与维护项目评价表

序号	工作内容		配分	完成情况	自评分
1	手动进给操作练习	工作台纵向移动	10		
		滑枕横向移动	10		
		升降台上下移动	10		
2	铣床主轴空转练习	起动电源操作	5		
		主轴转速调整	5		
		主轴空转操作	5		
3	机动进给操作	工作台纵向移动	10		
		滑枕横向移动	10		
		升降台上下移动	10		
4	职业素质		15		
5	安全文明操作		10		
6	教师评价	存在的问题： 改进措施： 指导教师： 年 月 日			

项目二　　铣削加工的基本操作

项目综述

通过完成本项目中铣削加工的三个任务，掌握铣削加工的基本操作。

▶▶ 任务一　平面铣削

学习目标

1. 能制订简单零件的铣削加工工艺，正确选择铣刀和切削参数。
2. 会正确装夹铣刀、工件。
3. 会铣削平面。
4. 会检测零件。

任务描述

在立式铣床上加工图 3-34 所示的零件图，保证平面度及表面粗糙度要求。毛坯材料为低碳钢。

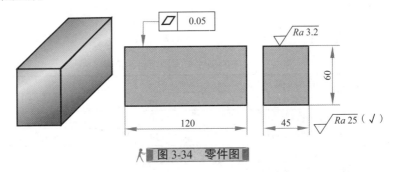

图 3-34　零件图

由图 3-34 可知，工件需要加工的表面为上面，要求的平面度为 ▱ 0.05 ，表示长方体工件的上表面（顶面）高低变化不允许超过 0.05mm ；表面粗糙度为 $\sqrt{Ra\,3.2}$ ，表示顶部平面的表面粗糙度允许偏差值为 $Ra3.2\mu m$ ，其余表面不用加工。

知识链接

平面铣削是铣工常见的工作内容之一，可在卧式铣床上安装圆柱铣刀或端铣刀进行卧铣，也可以在立式铣床上安装端铣刀或立铣刀进行立铣，如图 3-35 所示。

但无论哪一种铣削方法，都必须进行铣刀的选择与安装、工件的装夹及检测等工作。

图 3-35 平面铣削

a）圆柱铣刀卧铣　b）面铣刀卧铣　c）面铣刀立铣　d）立铣刀立铣

1. 铣刀及其安装

由前述的基础知识可知，铣刀的种类很多，若从结构看，铣刀可分为带孔铣刀和带柄铣刀，它们在铣床上的安装方式有所不同。

（1）带孔铣刀的安装　带孔铣刀多用长刀轴安装，一般用于卧式铣床上，如图3-36 所示。

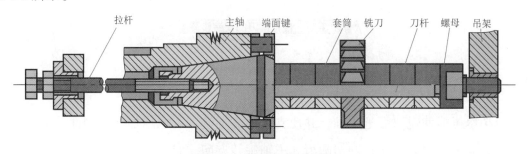

图 3-36 带孔铣刀的安装

安装步骤如图 3-37 所示：

1）擦净铣刀杆、套筒和铣刀，确定铣刀在刀杆上的轴向位置（图 3-37a）。

2）将套筒和铣刀装入铣刀杆，使铣刀在预定的位置上，然后旋入压紧螺母。（图3-37b~d）

3）擦净吊架轴承孔和铣刀杆的支承轴颈，注入适量润滑油，调整支承架轴承，将支承架装在横梁导轨上。

4）适当调整支承架轴承孔与铣刀杆支承轴颈的间隙，紧固支承架（图3-37e）。

5）旋紧压紧螺母，通过套筒将铣刀夹紧在铣刀杆上（图3-37f）。

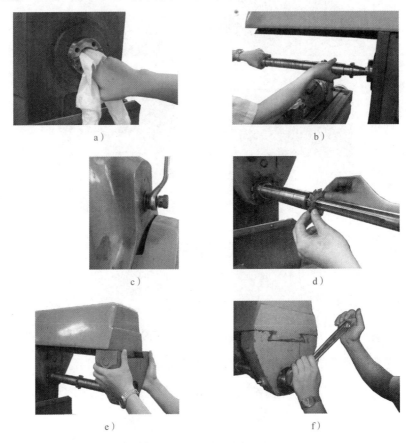

a)　　　　　　　　　　　　　　b)

c)　　　　　　　　　　　　　　d)

e)　　　　　　　　　　　　　　f)

图 3-37　带孔铣刀的安装步骤

a）清洁主轴孔与刀杆　b）刀杆装入主轴孔，使凹槽对准卡榫　c）拧紧拉杆螺母

d）将铣刀平直推入　e）装上支承架、调节支承架位置　f）拧紧刀杆螺母

带孔铣刀的安装注意事项如下：

1）尽可能使铣刀靠近主轴，并使支承架靠近铣刀，以增加铣刀刚性。

2）装夹铣刀时，铣刀的切削刃和主轴旋转方向一致。

3）套筒与铣刀的端面均要擦净，以减小铣刀的轴向圆跳动。

4）拧紧刀杆压紧螺母之前，必须先装好吊架，以防刀杆弯曲变形。

（2）带柄铣刀的安装　带柄铣刀有锥柄和直柄之分，多用于立式铣床。

1）锥柄铣刀的安装。当铣刀柄部的锥度和主轴锥孔锥度相同时，擦净主轴锥孔和铣刀锥柄，垫棉纱用左手握刀，将铣刀锥柄穿入主轴锥孔，然后用拉杆扳手旋紧拉杆，紧固铣刀，如图 3-38a 所示。

当铣刀柄部的锥度和主轴锥孔锥度不同时，需要借助中间锥套安装铣刀，如图 3-38b 所示。中间锥套的外圆锥度与主轴锥孔锥度相同，而内孔锥度与铣刀锥柄锥度一致。

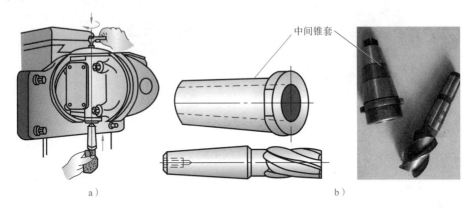

图 3-38 锥柄铣刀的安装

a）直接装入 b）借助中间锥套安装铣刀

安装时，先将铣刀插入中间锥套锥孔，然后将中间锥套连同铣刀一起穿入主轴锥孔，旋紧拉杆，紧固铣刀。

2）直柄铣刀的安装。对于直径为 2~10mm 的直柄立铣刀，多用钻夹头装夹铣刀（图 3-39a）；对于直径不超过 20mm 的直柄立铣刀，可采用弹簧套装夹铣刀（图 3-39b）。

安装时，铣刀的柱柄插入弹簧套孔内，由于弹簧套上面有三个开口，所以用螺母压弹簧套的端面，致使外锥面受压而孔径缩小，从而将铣刀抱紧。弹簧套有多种孔径，以适应不同尺寸的直柄铣刀。

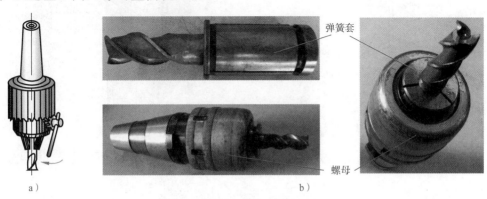

图 3-39 直柄铣刀的安装

a）用钻夹头安装直柄铣刀 b）用弹簧套安装直柄铣刀

2. 工件的装夹

在铣床上加工中小型工件时，一般采用机用虎钳来装夹；对于中大型工件，则多采用压板来装夹，如图3-40所示。

a)　　　　　b)

图 3-40　工件的装夹

a）机用虎钳装夹　b）压板装夹

（1）用机用虎钳装夹工件

1）固定钳口的安装。把机用虎钳装到工作台上时，首先考虑钳口方向与主轴轴线的位置关系。一般应根据工件的长度来决定，工件较长时，钳口方向应与主轴轴线垂直；工件较短时，钳口方向应与主轴轴线平行。

2）固定钳口的找正。所谓找正主要指确定钳口方向与主轴轴线的位置关系。找正方法有如下几种。

①利用划针找正，使固定钳口与铣床主轴轴线垂直，如图3-41所示。

②用直角尺找正，使固定钳口与铣床主轴轴线平行，如图3-42所示。

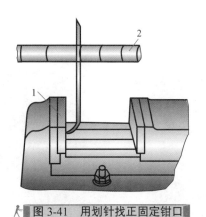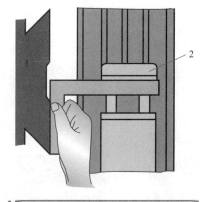

图 3-41　用划针找正固定钳口　　　图 3-42　用直角尺找正固定钳口

1—固定钳口铁　2—铣刀杆　　　1—机床的垂直导轨面　2—机用虎钳固定钳口

③用百分表找正，使固定钳口与铣床主轴轴线垂直或平行，如图3-43、图3-44所示。

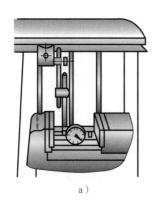 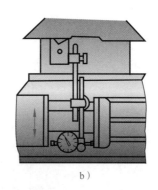

图 3-43　卧式铣床上用百分表找正固定钳口

a）固定钳口与主轴轴线垂直　b）固定钳口与主轴轴线平行

图 3-44　立式铣床上用百分表找正固定钳口

a）钟表式百分表找正固定钳口　b）杠杆式百分表找正固定钳口

3）用机用虎钳装夹工件。

①毛坯件在机用虎钳上的装夹。为防止毛坯表面的硬质点损坏钳口，可在钳口与毛坯件之间垫上铜皮进行保护，如图 3-45 所示。

纯铜皮

图 3-45　钳口垫纯铜皮并找正毛坯件

②经粗加工的工件在机用虎钳上装夹。工件的基准面靠近固定钳口平面时，可在活动钳口与工件之间放置一圆棒，通过圆棒夹紧工件，可保证工件的基准面与固定钳口面上很好地贴合。圆棒要与钳口上平面平行，其位置在钳口夹持工件高度的中间偏上，如图 3-46 所示。

当工件的基准面靠近钳体导轨面时，为使工件的加工面高出钳口，保证加工切除余量层足够，应选择适当厚度的平行垫铁，垫在钳体导轨面与工件平面之间，夹紧工件后，用铜锤轻敲工件上表面，同时用手移动垫铁，若垫铁不动，则说明工件平面与钳体导轨面贴合较好，如图 3-47 所示。

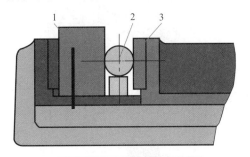

图 3-46　用圆棒夹持工件

1—工件　2—圆棒　3—活动钳口

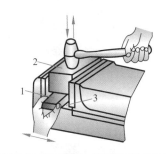

图 3-47　用平行垫铁装夹工件

1—平行垫铁　2—工件　3—钳体导轨面

用机用虎钳装夹工件的注意事项如下：

1）在铣床上安装机用虎钳时，应擦净铣床工作台台面、钳座底面；装夹工件时，应擦净钳口平面、钳体导轨面及工件表面，如图 3-48 所示。

2）工件在机用虎钳上装夹时放置的位置应合适，如图 3-49 所示。夹紧后钳口的受力应均匀。

图 3-48　擦净机用虎钳各表面

图 3-49　检查工件是否居中放置

（2）用压板装夹工件　尺寸较大或不便用机用虎钳装夹的工件，常用压板装夹在铣床工作台台面上再进行加工，如图 3-50 所示。

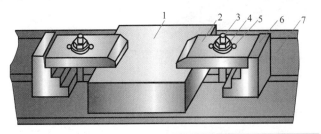

图 3-50　用压板装夹工件

1—工件　2—压板　3—T 形螺栓　4—螺母　5—垫圈　6—台阶垫铁　7—工作台台面

用压板装夹工件的注意事项如下：

1）压板的位置要安排得当，要压在工件刚性较好的地方，夹紧力的大小也应适当，防止刚性差的工件产生变形。

2）垫铁必须正确地放在压板下，高度要与工件相同或略高于工件，否则会降低压紧效果。

3）压板螺栓必须尽量靠近工件，并且螺栓到工件的距离应小于螺栓到垫铁的距离，这样能增大压紧力。

4）螺栓要拧紧，否则会因压力不够而使工件移动，以致损坏工件、机床和刀具。

5）用压板夹紧工件已加工表面时，应在工件表面与压板之间垫纯铜皮，避免压伤工件已加工表面。

6）在铣床的工作台台面上，不能拖拉粗糙的铸件、锻件毛坯，并应在毛坯与工作台台面之间垫纯铜皮，以免将台面划伤或压伤。

任务实施

1. 准备工作

由图 3-34 可知，该工件仅需对上表面进行加工，其余表面无需加工，因此，可选合适的毛坯尺寸，如 120 mm × 45 mm × 70 mm，即长 120mm、宽 45mm、高 70mm，分粗、精铣保证高度尺寸 60mm 以及其他要求。

（1）机床的选择　加工该零件选择立式滑枕升降台铣床 X5746/2。

（2）铣削方法及铣刀的选择　目前加工平面，尤其是加工大平面，一般都采用端面铣削的方法。端面铣削时，根据铣刀与工件之间的相对位置不同而分为对称铣削和非对称铣削两种。此处采用非对称铣削方式。

铣平面时，面铣刀的直径应大于工件加工平面的宽度，一般为其 1.2~1.5 倍。此处，由于工件的铣削宽度为 45mm，故选用 ϕ 50mm 面铣刀，如图 3-51 所示。

（3）装夹工件　由毛坯尺寸 120 mm × 45 mm × 70 mm 可知，该工序属于中小型工件的平面铣削，故可采用机用虎钳装夹。装夹时，以底面为定位基准，采用平行垫铁支承。夹紧后，用铜锤轻敲工件上表面，以保证工件底面与钳体导轨面贴合较好，如图 3-52 所示。

图 3-51　安装面铣刀

图 3-52　用铜锤轻敲工件上表面

（4）确定铣削用量

1）吃刀量。粗铣时，若加工余量不太多，可一次切除；精铣时的铣削层深度（侧吃刀量）以 0.5~1mm 为宜。本例采用粗铣时，背吃刀量 a_p=45mm，侧吃刀量 a_e=2mm；精铣时背吃刀量 a_p=0.5mm，侧吃刀量 a_e=0.5mm。

2）进给量。每齿进给量一般取 f_z=0.02~0.3mm/z。取每分钟进给量为 60mm/min。

3）铣削速度。对于铣削速度，用高速钢铣刀铣削时，一般取 v_c=16~35m/min。根据直径 D=50mm 的面铣刀性能，调整铣床主轴转速约为 235r/min。

2. 铣削工件的步骤

在立式滑枕升降台铣床上铣削工件时，工件由工作台带着做纵向左右移动和上下升降运动，而工件的前后横向移动则是依靠滑枕的移动来调整的。

（1）对刀

1）摇动纵向、横向手柄，使工件处于铣刀下方的中间位置，如图 3-53 所示。

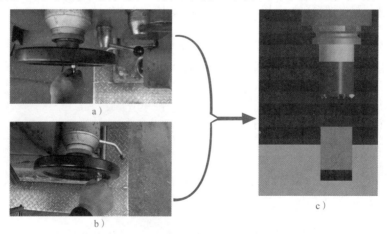

图 3-53　调整铣刀与工件位置

a）手摇纵向手轮，调整工件水平位置　b）手摇横向手轮，调整滑枕前后位置　c）工件位于铣刀下方

2）工件表面贴一张薄纸，开动机床，工作台上升，使面铣刀端面与薄纸接触，将垂向进给手柄刻度盘调至"0"位，纵向退出工件，如图 3-54 所示。

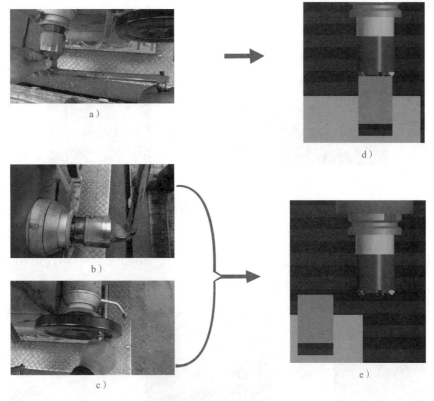

图 3-54 对刀操作

a）摇动升降手柄，工作台上升，使铣刀与工件接触　b）调整升降刻度盘"0"位
c）手摇纵向手轮，使工件水平移动　d）铣刀与工件接触　e）工件纵向退出

（2）铣削

1）粗铣（图 3-55）。垂向进给一周（顺时针转动升降手柄）。根据垂向刻度盘记号，工作台上升 2mm，采取非对称逆铣方式粗铣平面；

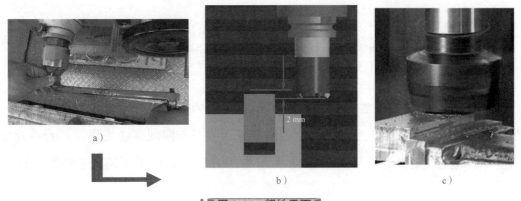

2 mm

图 3-55 粗铣平面

a）顺时针摇动升降手柄一周　b）工件垂直上升　c）面铣刀铣削平面

铣削一次后，直接用游标卡尺或千分尺测量工件尺寸，如图 3-56 所示。计算

加工余量后若还有余量，可进行再次铣削。

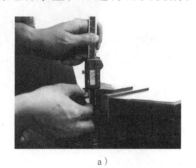 

a)　　　　　　　　　　　　　　　　　　b)

图 3-56　尺寸的测量

a）游标卡尺测量尺寸　b）千分尺测量尺寸

2）精铣（图 3-57）。粗铣完毕后降下工作台，摇动纵向手柄，退出工件，然后再上升 0.5mm，精铣平面。

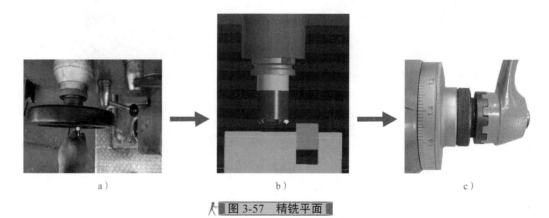

a)　　　　　　　　　　　　　b)　　　　　　　　　　　　c)

图 3-57　精铣平面

a）摇动纵向手轮，使工件水平移动　b）工件纵向退出　c）调整垂直进刀量

3．检测

（1）尺寸的检测　卸下工件，用游标卡尺或千分尺测量工件尺寸。

（2）平面度的检测

1）用刀口形直尺检验平面度。刀口形直尺的刀口可检验平面的平面度误差。使用时，让刀口形直尺的刀口紧靠测量面，置于明亮方向观察透光程度，若透光或有不均匀透光则测量面不平。图 3-58 所示为用刀口形直尺采用透光法检验工件的平面度。

2）用百分表检测平面度。将百分表座和工件置于检验平板上，拉动百分表，观察指针的变化情况，可检验工件表面的平面度误差，如图 3-59 所示。

测量线
刀口形直尺的刀口

a）　　　　　　　　　　　　　　b）

图 3-58　平面度检测

a）刀口形直尺及测量方法　　b）用刀口形直尺贴紧被测工件表面，朝向明亮处观察透光

图 3-59　用百分表检测平面度

（3）检测加工表面的表面粗糙度　表面粗糙度是指加工表面具有的较小间距和微小峰谷不平度。其两波峰或两波谷之间的距离（波距）很小（在 1mm 以下），用肉眼是难以区别的，因此它属于微观几何形状误差。表面粗糙度可用表面粗糙度标准样板通过比较测定。

1）视觉法。将被检表面与标准表面粗糙度样块的工作面进行比较，如图 3-60 所示。

2）触觉法。用手指或指甲抚摸被检验表面和标准表面粗糙度样块的工作面，凭感觉判断，如图 3-61 所示。

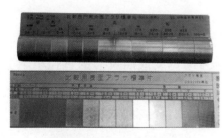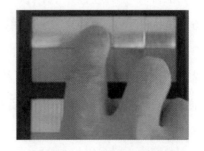

图 3-60　视觉比较测定　　　　　　图 3-61　触觉比较测定法

任务总结

1）铣削前精确校正工作台零位。

121

2）装刀时必须使铣削轴向力指向主轴，以增加铣削时的平稳性。

3）夹紧工件后，机用虎钳扳手应取下。

4）铣削时，尽量采用不对称逆铣，以免工件窜动，故在选择主轴旋向时，应注意顺铣和逆铣的区别。

5）不使用的进给机构应紧固，进给完毕后应松开。

6）铣削中，不准用手摸工件和铣刀，不准测量工件，不准变换工作台进给量。

7）铣削钢件时应加切削液。

8）铣削中，不能停止铣刀旋转和工作台机动进给，以免损坏刀具，啃伤工件。因故必须停机时，应先降落工作台，再停止铣刀旋转和工作台机动进给。

9）调整铣削深度时，若余量过大，可分几次完成进给。

10）进给结束后，工件不能在铣刀旋转的情况下退回，应先降下工作台，再退刀。

知识拓展

平面的铣削质量主要指平面度和表面粗糙度。

1. 影响平面度的因素

1）用周边铣削法铣平面时，圆柱形铣刀的圆柱度误差。

2）用端面铣削法铣平面时，铣床主轴轴线与进给方向不垂直。

3）工件受夹紧力和铣削力的作用产生的变形。

4）工件自身存在内应力，在表面层材料被切除后产生变形。

5）工件在铣削过程中，因铣削热引起的热变形。

6）铣床工作台进给运动的直线性差。

7）铣床主轴轴承的轴向和径向间隙大。

8）铣削时因条件限制，所用的圆柱形铣刀的宽度或面铣刀的直径小于工件被加工面的宽度而必须接刀，产生接刀痕。

2. 影响表面粗糙度的因素

1）铣刀磨损，刀具切削刃变钝。

2）铣削时，进给量太大，铣削余量太多。

3）铣刀的几何参数选择不当。

4）铣削时，切削液选用不当。

5）铣削时有振动。

6）铣削时有积屑瘤产生，或有切屑粘刀现象。

7）铣削时有"拖刀"现象。

8）铣削过程中因进给停顿而出现"深啃"现象。

任务评价

任务评价表见表 3-2。

表3-2 平面铣削任务评价表

序号	工 作 内 容		配分	完 成 情 况	自 评 分
1	工件的装夹	左右位置	5		
		上下位置	5		
2	铣刀的安装		15		
3	铣削加工	工作台移动	5		
		滑枕横向移动	5		
		主轴的转动	10		
4	工件检测	尺寸	10		
		平面度	10		
		表面粗糙度	10		
5	职业素质		15		
6	安全文明操作		10		
7	教师评价	存在的问题： 改进措施： 指导教师： 年 月 日			

>> **任务二 台阶的铣削**

学习目标

1. 能制订简单零件的铣削加工工艺，正确选择铣刀和切削参数，达到技术要求。

2. 会正确装夹铣刀、工件。

3. 会铣削台阶面。

4. 会检测零件。

任务描述

如图 3-62 所示，在长方体上铣出 30mm × 36mm 的对称台阶，台阶与外形尺寸 $50_{-0.1}^{0}$ mm 中心线的对称度误差为 0.15mm。

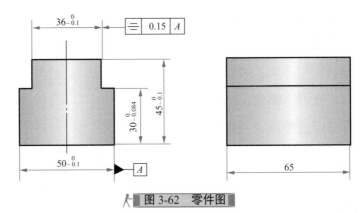

图 3-62　零件图

台阶也主要由平面组成，这些平面除应具有较好的平面度和较小的表面粗糙度值之外，最主要的是具有：

1）较高的尺寸精度，并且常常是根据配合精度要求来确定。

2）较高的位置精度，如平行度、垂直度、对称度和倾斜度等。

知识链接

工件上的台阶很常见，它在工艺上有两个特点：一是必须用一把铣刀把一侧台阶的两个互相垂直的平面同时加工出来，加工一个必须涉及另一个；二是两者的加工是用同一个定位基准。

零件上的台阶，根据其结构、尺寸大小不同，通常可在卧式铣床上用三面刃铣刀和在立式铣床上用面铣刀或立铣刀铣削。

1. 卧式铣床上铣台阶

由于三面刃铣刀的直径和刀齿尺寸都比较大，容屑槽也较大，所以刀齿的强度大，排屑、冷却较好，生产率较高，因此在铣削宽度不太大的台阶（宽度 $B < 25mm$）时，卧式铣床上一般都采用三面刃铣刀加工，如图 3-63 所示。

图 3-63　三面刃铣刀铣台阶

（1）用一把三面刃铣刀铣台阶　图 3-64 所示为用一把三面刃铣刀铣削台阶。铣刀的直径可按下式计算：

$$D > 2t + d$$

式中　D——铣刀直径（mm）；

t——铣削层深度（mm）；

d——刀轴垫圈直径（mm）。

铣刀宽度 B 应大于铣削层宽度 L。

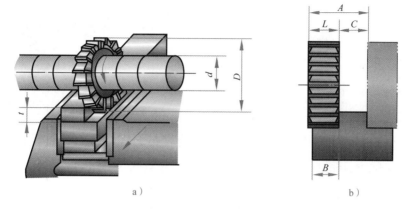

a）　　　　　　　　　　b）

图 3-64　用一把铣刀铣台阶

a）铣单面台阶　b）铣双面台阶

铣削步骤如下：

1）横向对刀。工件装夹与找正后，手动操作铣床使回转铣刀的侧面切削刃轻擦工件台阶处侧面的贴纸，如图 3-65a 所示。

2）纵向对刀。横向对刀后垂直降落工作台，如图 3-65b 所示，然后将工作台再横向移动一个台阶的宽度 a_p，并紧固横向进给，再上升工作台，使铣刀的圆柱面切削刃轻擦工件上表面的贴纸，如图 3-65c 所示。

3）铣削台阶。纵向对刀后手摇工作台纵向进给手柄。退出工件，上升工作台一个台阶深度 a_e，摇动纵向进给手柄使工件接近铣刀，手动或机动进给铣出台阶，如图 3-65d 所示。

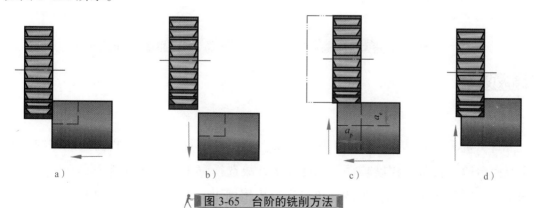

a）　　　　　b）　　　　　c）　　　　　d）

图 3-65　台阶的铣削方法

a）横向对刀　b）纵向对刀　c）轻擦贴纸　d）铣削台阶

当一侧的台阶铣好后，将机用虎钳松开，再把工件调转 180°，重新夹紧后铣另一侧台阶，这样能获得很高的对称度精度，但台阶凸台的宽度 C 的尺寸受工件宽度尺寸精度的影响较大。

（2）用两把三面刃铣刀组合铣台阶 在成批生产中，台阶大都是采用两把三面刃铣刀组合铣削法来加工的，如图3-66所示。这不仅可以提高生产率，而且操作简单，并能保证工件质量。

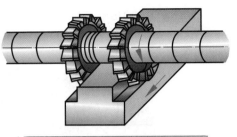

图 3-66 组合三面刃铣刀铣台阶

用三面刃铣刀组合铣削时，两把三面刃铣刀必须规格一致，直径相同（必要时两铣刀应一起装夹，同时刃磨外圆）。

2. 立式铣床上铣台阶

（1）用面铣刀铣台阶 宽度较宽且深度较浅的台阶，常使用面铣刀在立式铣床上加工，如图3-67所示。

（2）用立铣刀铣台阶 深度较深的台阶或多级台阶，可用立铣刀在立式铣床上加工，如图3-68所示。

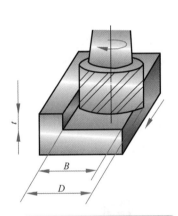

图 3-67 用面铣刀铣台阶

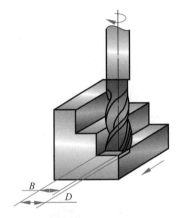

图 3-68 用立铣刀铣台阶

任务实施

1. 准备工作

（1）机床、刀具的选择及工件的装夹 由零件图可知，该工件需要加工的表面为双面台阶，台阶的深度较深、宽度较窄，故选择 $\phi 12\text{mm}$ 的立铣刀在立式铣床上加工。该零件属于中小型工件，故可采用机用虎钳装夹。装夹时，以底面为定位基准，采用平行垫铁支承，如图3-69所示。

（2）确定铣削用量

1）吃刀量。粗铣时，若加工余量不太多，则可一次切除；精铣时的铣削层深度（侧吃刀量）以 0.5~1mm 为宜。本例在采用粗铣时，背吃刀量 a_p=5mm，侧吃刀量 a_e=2mm；精铣时背吃刀量 a_p=2mm，侧吃刀量 a_e=0.5mm。

2）进给量。每齿进给量一般取 f_z=0.02~0.3mm/z。取每分钟进给量为 60mm/min。

3）铣削速度。对于铣削速度，用高速钢铣刀铣削时，一般取 v_c=16~35m/min。根据直径 D=50mm 的端铣刀性能，调整铣床主轴转速约为 235r/min。

图 3-69　机用虎钳装夹立铣台阶

2. 铣削工件的步骤

在立式滑枕升降台铣床上铣削工件时，进给运动由工作台带动工件做纵向左右移动和上下升降运动，而工件的前后横向移动则是依靠滑枕的移动来调整的。

（1）深度对刀　工件表面贴一张薄纸，开动机床，上升工作台，使面铣刀端面与薄纸接触，将垂向进给手柄刻度盘调至"0"位，纵向退出工件，如图 3-70 所示。

a)   b)

c)   d)

图 3-70　深度对刀

a）摇动纵向、横向手柄，使工件处于铣刀下方的中间位置　b）摇动升降手柄，工作台上升，使铣刀与工件接触
c）摇动纵向手轮，使工件纵向退出　d）调整升降刻度盘"0"位

（2）侧向对刀　工件前侧面贴一张薄纸，开动铣床，工作台横向进给，使立铣刀的圆周与薄纸接触，将横向刻度调至"0"位置，将工件向左纵向移动，移出刀

具以外，如图 3-71 所示。

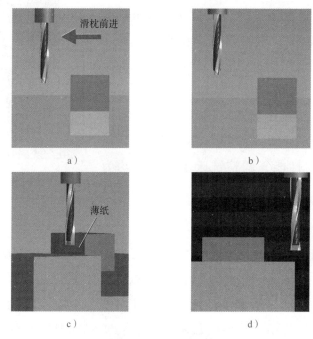

a）　　　　　　　　b）

c）　　　　　　　　d）

图 3-71　侧向对刀

a）开动铣床，滑枕横向进给　b）工作台上升

c）滑枕横向进给，使立铣刀与薄纸接触　d）横向刻度调至"0"位，工作台纵向左移

（3）铣削台阶　逆时针转动横向进给手轮，使滑枕向后移动 7mm；摇动升降手柄，使工作台从"0"位上升至 2mm，加工台阶。走完一个工件长度后，快速向左移动工作台；当工件处于铣刀之外，工作台上升 2mm，继续加工，直到将14.5mm 铣完，最后工作台上升 0.5mm，进行精铣。

此时工作台上升共计 15mm，即升降手柄顺时针旋转 7.5 周。把工作台逆时针旋转 7.5 周，使工作台下降 15mm，回到加工的原始状态。横向进给手柄逆时针向后移动 36mm，即可加工另一侧台阶，方法同上，具体步骤如图 3-72 所示。

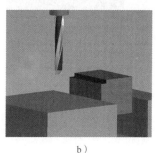

a）　　　　　　　　b）

图 3-72　加工台阶的步骤

a）工作台向右自动进给，铣削台阶　b）完成第一次铣削

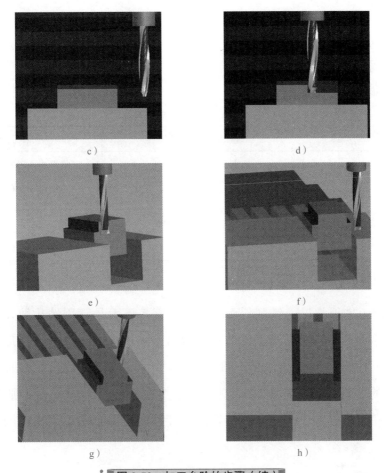

图 3-72 加工台阶的步骤（续）

c）工作台快速左移至离开刀具，摇动升降手柄，工作台上升 2mm

d）工作台向右自动进给，第二次铣削台阶 e）前侧台阶精铣完毕

f）滑枕向后移动 36mm，同样方法铣削后侧台阶 g）精铣后侧台阶 h）完成双面台阶的铣削

3. 台阶的检测

台阶的检测比较简单，台阶的宽度和深度一般可用游标卡尺、游标深度卡尺检测；双面台阶的凸台宽度可用游标卡尺、千分尺或极限量规检测。

任务总结

1）机用虎钳的固定钳口应调整好。

2）选择的垫铁应平行，铣削时工件与垫铁应清理干净。

3）铣削中不使用的进给机构应紧固。

4）铣削时，进给量和切削深度不能太大，铣削钢件时必须加切削液。

知识拓展

1. 台阶铣削质量分析

影响台阶精度的因素见表3-3。

表3-3　影响台阶精度的因素

影响台阶尺寸的因素	影响台阶形状、位置精度的因素	影响台阶表面粗糙度的因素
1）手动移动工作台调整不准 2）测量不准 3）铣削时铣刀受力不均，出现"让刀"现象 4）铣刀轴向圆跳动（摆差或偏摆）大	1）机用虎钳固定钳口未找正，或用压板装夹时工件位置未找正，铣出的台阶产生歪斜 2）工作台"零位"不准，用立铣刀采用纵向进给铣台阶，台阶底面铣成凹面	1）铣刀磨损变钝 2）铣刀摆差大 3）铣削用量选择不当，尤其是进给量过大 4）铣削钢件时没有使用切削液或切削液使用不当 5）铣削时振动大，未使用的进给机构没有紧固，工作台产生窜动现象

2. 铣斜面的方法

有斜面的工件很常见，铣削斜面的方法很多，下面是常用的几种方法。

（1）工件倾斜铣斜面　当工件数量较少时，可事先在工件上划出加工线，然后按划线找正工件的位置进行装夹，如图 3-73a 所示；当工件数量较多时，可事先准备一块倾斜的垫铁，加工时，将倾斜的垫铁垫在零件基准的下面，则铣出的平面就与基准面成倾斜位置。改变倾斜垫铁的角度，即可加工出不同角度的斜面，如图 3-73b 所示。

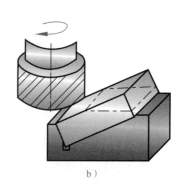

a）　　　　　　　　　　　　　　b）

图 3-73　工件倾斜铣斜面

a）按划线找正装夹工件　b）用倾斜垫铁定位工件

（2）铣刀倾斜铣斜面　由于万能铣头可方便地改变刀轴的空间位置，通过扳转铣头使刀具相对工件倾斜一个角度便可铣出所需的斜面。图 3-74a 所示为用面铣刀铣斜面，图 3-74b 所示为用圆柱铣刀铣斜面。

（3）用角度铣刀铣斜面　较小的斜面可选用合适的角度铣刀铣削，如图 3-75 所示。

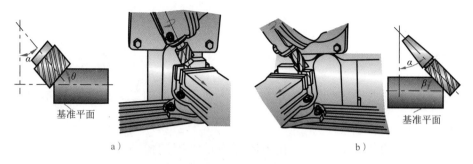

图 3-74　铣刀倾斜铣斜面

a）用面铣刀铣斜面　b）用圆柱铣刀铣斜面

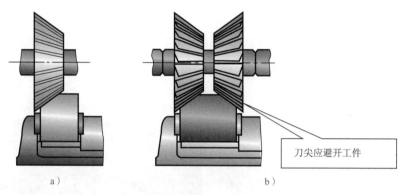

刀尖应避开工件

图 3-75　用角度铣刀铣斜面

a）铣单斜面　b）铣双斜面

任务评价

任务评价表见表3-4。

表3-4　台阶的铣削任务评价表

序号	工作内容		配分	完成情况	自评分
1	工件的装夹	左右位置	5		
		上下位置	5		
2	铣刀的安装		15		
3	铣削加工	工作台移动	5		
		滑枕横向移动	5		
		主轴的转动	10		
4	工件检测	尺寸	10		
		平面度	10		
		表面粗糙度	10		
5	职业素质		15		
6	安全文明操作		10		
7	教师评价	存在的问题： 改进措施：			

指导教师：　　　　年　月　日

>> 任务三　沟槽的铣削

学习目标

1. 能制订简单零件的铣削加工工艺，正确选择切削参数，达到技术要求。
2. 学会正确装夹铣刀、工件。
3. 学会铣削直槽和切断，会利用成形刀具铣削沟槽。
4. 学会检测零件。

任务描述

如图 3-76 所示，在长方体上铣出 13mm×12mm 的沟槽，沟槽相对于外形尺寸（35±0.1）mm 中心线的对称度误差为 0.05mm。

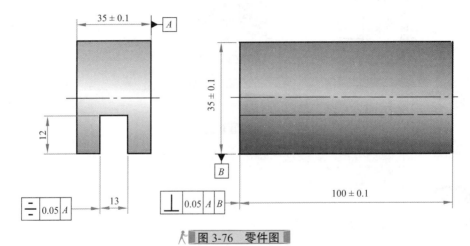

图 3-76　零件图

工艺分析如下：沟槽与台阶一样，也主要由平面组成，这些平面应具有较好的平面度和较小的表面粗糙度值。

1）较高的尺寸精度（根据配合精度要求确定）。

2）较高的位置精度，如平行度、垂直度、对称度和倾斜度等。

知识链接

铣床能加工沟槽的种类很多，如直槽、键槽、角度槽、燕尾槽、T 形槽、圆弧槽和螺旋槽等，简述如下。

1. 铣削直槽

（1）直槽的形式　常见的直槽可分为通槽和不通槽，如图 3-77 所示。

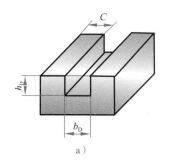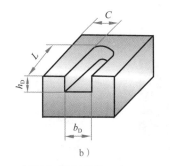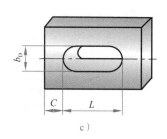

图 3-77 直槽的形式

a）通槽 b）半通槽 c）封闭槽

（2）铣削方法　对于较宽的通槽，可在卧式铣床上用三面刃铣刀加工，较窄的通槽可用小直径的立铣刀加工；对于不通槽，单件生产一般在立式铣床上用立铣刀或键槽铣刀来加工。

1）用三面刃铣刀铣直角通槽（图 3-78）。

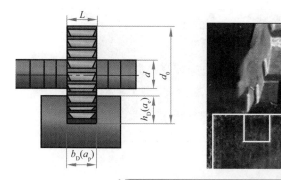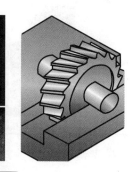

图 3-78 用三面刃铣刀铣直角通槽

三面刃铣刀的宽度 L 应等于或小于直角通槽的槽宽，即 $L \leqslant b_D$。

三面刃铣刀直径 d_0 应满足以下关系：

$$d_0 > d + 2h_D$$

2）用立铣刀或键槽刀铣削半通槽和封闭槽。宽度不大于 25mm 的直角通槽大都采用立铣刀或键槽刀铣削，见表 3-5。

表3-5　铣直槽的方法

铣削内容	示意图	说明
用立铣刀铣削半通槽		可先在工件上画出加工线，以保证槽的位置及尺寸。铣刀从工件的侧面进入

（续）

铣 削 内 容	示 意 图	说 明
用立铣刀铣削不通槽	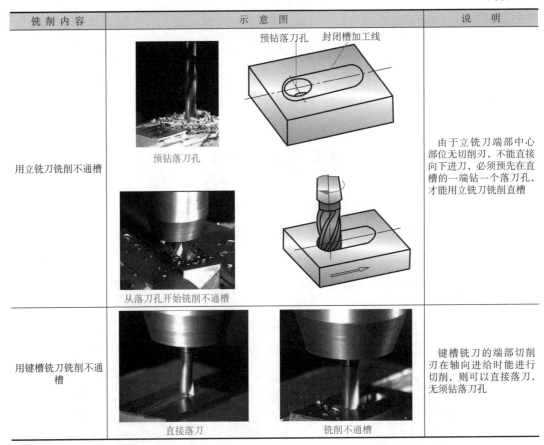 预钻落刀孔 从落刀孔开始铣削不通槽	由于立铣刀端部中心部位无切削刃，不能直接向下进刀，必须预先在直槽的一端钻一个落刀孔，才能用立铣刀铣削直槽
用键槽铣刀铣削不通槽	直接落刀　　　　铣削不通槽	键槽铣刀的端部切削刃在轴向进给时能进行切削，则可以直接落刀，无须钻落刀孔

2. 铣削 T 形槽

T 形槽的应用很多，如铣床和刨床的工作台上用来安放紧固螺栓头的就是 T 形槽。铣削 T 形槽时，首先用立铣刀或三面刃铣刀铣出直槽，如图 3-79a 所示，作为加工 T 形槽的下部的通道，然后在立铣床上用 T 形槽铣刀铣削，如图 3-79b 所示。由于 T 形槽铣刀工作时排屑困难，因此切削用量应选得小些，同时应多加切削液。最后，再用角度铣刀铣出倒角，如图 3-79c 所示。

a)　　　　　　　　　　b)　　　　　　　　　　c)

图 3-79　铣削 T 形槽步骤

a）铣直槽　b）铣 T 形槽　c）铣倒角

3. 铣削V形槽

V形槽的两侧夹角多为90°，其底部一般为直槽，用以保证配合，并且可保护铣刀刀齿的齿尖。加工时，先加工直槽，然后用双角铣刀加工，如图3-80a所示。也可以用立铣刀加工，此时，需将主轴转过45°，由横向溜板进行横向进给运动，如图3-80b所示。还可以倾斜工件铣V形槽，如图3-80c所示。

a) b) c)

图 3-80 铣削 V 形槽

a）用角度等于槽角的对称双角铣刀铣V形槽

b）倾斜主轴，用立铣刀或面铣刀铣V形槽 c）倾斜工件铣V形槽

4. 铣削燕尾槽

先在立铣床上用立铣刀铣出直槽，再用燕尾槽铣刀分别铣出左右燕尾槽，如图3-81所示。

a) b)

图 3-81 铣削燕尾槽

a）铣左侧燕尾槽 b）铣右侧燕尾槽

任务实施

1. 准备工作

本例根据沟槽的宽度和深度尺寸，选用直径为 $\phi12\text{mm}$ 的立铣刀在X5746/2型立式铣床上加工。

（1）工件的装夹和找正 直槽在工件上的位置大多要求与工件两侧面平行，故中小型工件一般用机用虎钳装夹，并高出钳口12mm以上，如图3-82所示。

（2）确定铣削用量

1）吃刀量。粗铣时，若加工余量不太大，可一次切除；精铣时的铣削层深度（侧吃刀量）以 0.5~1mm 为宜。本例采用粗铣时，背吃刀量 a_p=12mm，侧吃刀量 a_e=2mm；精铣时背吃刀量 a_p=1mm，侧吃刀量 a_e=0.5mm。

2）进给量。每齿进给量一般取 f_z=0.02~0.3mm/z，取每分钟进给量为 60mm/min。

3）铣削速度。用高速钢铣刀铣削时，一般取 v_c=16~35m/min。根据直径 D=50mm 的面铣刀性能，调整铣床主轴转速约为 235r/min。

图 3-82　用机用虎钳装夹工件

2. 铣削工件的步骤

为了保证沟槽的位置精度要求，应对沟槽的深度、侧面分别进行对刀，方法同铣削台阶。

铣刀碰到侧面后，工件纵向移出；转动滑枕手轮，铣刀向后横向移动 30mm，按每次进给 2mm 深度，工作台纵向自动进给进行铣削。进给完毕后，铣刀再向后横向进给 2mm，同样的方法完成槽的加工。操作步骤如图 3-83 所示。

a）　　　　　　　　　　b）

c）　　　　　　　　　　d）

图 3-83　直槽的铣削步骤

a）深度对刀，升降手柄刻度置"0"　b）侧前方对刀，横向手轮刻度盘置"0"

c）滑枕向后进给 23mm，工作台上升 2mm　d）铣削第一层沟槽

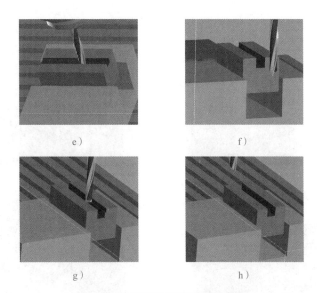

e）

f）

g）

h）

图 3-83　直槽的铣削步骤（续）

e）继续铣削第二层、第三层等　f）完成 12mm×12mm 的沟槽

g）滑枕向后进给 1mm，升降手柄每次进给 2mm，工作台向右纵向自动进给，进行沟槽铣削

h）13mm×12mm 沟槽精铣完毕，降下工作台

图 3-84 所示为铣削沟槽操作的实物图。

a）

b）

c）

d）

图 3-84　铣削直槽

a）侧面对刀后，横向手轮刻度置"0"，纵向移出工件　b）深度对刀后，升降手柄刻度置"0"，纵向移出工件

c）摇动升降手柄，使工作台每次上升 2mm，纵向自动进给铣削沟槽　d）松开机用虎钳，取下工件

3. 直槽的检测

直槽的长度、宽度和深度一般使用游标卡尺检测，尺寸精度较高的槽宽可用光滑极限量规（塞规）检测，对称度可用百分表进行检测，图 3-85 所示为直槽的一

些检测方法。

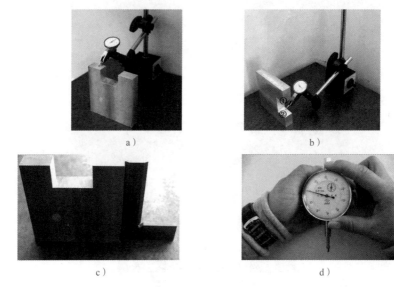

a)   b)

c)   d)

图 3-85　直槽的检测

a）用杠杆百分表检测直槽的平行度　b）用杠杆百分表检测直槽的对称度

c）用直角尺检测垂直度　d）百分表检测需进行调零

任务总结

立铣刀铣削直槽时，应注意：

1）使用直径较小的立铣刀加工工件，进给不能太快，以免产生严重的让刀现象而造成废品或刀具折断。

2）若加工的沟槽较深，应分数次铣到要求的槽深。

3）若铣刀直径小于槽宽，铣削时，应先铣槽深，再扩铣沟槽两侧，并注意扩铣时应避免顺铣，以免损坏刀具，啃伤工件。

4）铣削中不用的进给机构应紧固。

知识拓展

直槽铣削的质量主要指沟槽的尺寸、形状及位置精度。

（1）影响尺寸精度的因素

1）用立铣刀和键槽铣刀采用"定尺寸刀具法"铣削沟槽时，铣刀的直径尺寸及其磨损、铣刀的圆柱度和铣刀的径向圆跳动等会对沟槽尺寸产生影响。

2）三面刃铣刀的轴向圆跳动太大，使槽宽尺寸被"铣大"；径向圆跳动太大，使槽深尺寸被"铣深"。

3）使用立铣刀或键槽铣刀铣沟槽时，易产生"让刀"现象，造成槽在深度方向上大下小，可采取来回多次铣削工件的方法将槽宽铣准。

4）测量不准或摇错刻度盘数值均会造成尺寸偏差。

（2）影响位置精度的因素

1）工作台"零位"不准，导致工作台纵向进给运动方向与铣床主轴轴线不垂直，用三面刃铣刀铣削时，将沟槽两侧面铣成弧形凹面，且上宽下窄（两侧面不平行）。

2）机用虎钳固定钳口未找正，使工件侧面（基准面）与进给运动方向不一致，铣出的沟槽歪斜（槽侧面与工件侧面不平行）。

3）选用的平行垫铁不平行，工件底面与工作台面不平行，铣出的沟槽底面与工件底面不平行，槽深不一致。

4）对刀时，工作台横向位置调整不准；扩铣时将槽铣偏；测量时，尺寸测量不准确，按测量值调整铣削将槽铣偏；铣削时，由于铣刀两侧受力不均（如两侧切削刃锋利程度不等）或单侧受力，铣床主轴轴承的轴向间隙较大以及铣刀刚性不够，造成铣刀向一侧偏让等。

（3）影响形状精度的因素　用立铣刀和键槽铣刀铣削沟槽时，影响形状精度的主要因素是铣刀的圆柱度。

（4）影响表面粗糙度的因素　与铣削台阶时相同。

任务评价

任务评价表见表3-6。

表3-6　沟槽的铣削任务评价表

序号	工 作 内 容		配分	完 成 情 况	自 评 分
1	工件的装夹	左右位置	5		
		上下位置	5		
2	铣刀的安装		15		
3	铣削加工	工作台移动	5		
		滑枕横向移动	5		
		主轴的转动	10		

（续）

序号	工 作 内 容		配分	完 成 情 况	自 评 分
4	工件检测	尺寸	10		
		平面度	10		
		表面粗糙度	10		
5	职业素质		15		
6	安全文明操作		10		
7	教师评价	存在的问题： 改进措施： 指导教师：　　　　　　　年　　月　　日			

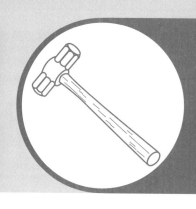

单元四 焊工实训

单元综述

　　本单元主要介绍焊工基本操作知识和相关工量具的使用，学生通过两个项目的技能训练及实践，可初步掌握焊工的知识和技能，能进行简单的焊接操作。

项目一　焊工的安全文明操作规程

学习目标

　　掌握焊工的安全文明操作规程。

项目描述

　　焊工实训针对比较基础和简单的内容，主要是对焊条电弧焊、气焊与气割的基本操作的认识和了解。在实训中预防安全事故、消除安全隐患，设备的使用与维护是重点内容，因此在焊工实训前，有必要先熟悉一下焊工的安全操作规程。

知识链接

　　由于焊工是特殊工种，在实训中特别要注意的是安全问题。首先必须具备良好的安全操作习惯和观念，从而养成良好的工作态度。

1. 焊条电弧焊实习安全操作规程

1）工作前必须穿戴好劳保用品。

2）工作前要检查焊接电源是否正常，焊接电缆的绝缘必须良好。

3）焊接电缆有漏电、破皮时必须用胶布包好。

4）工作中调整电源连接板时应停止焊接，切断电源。

5）焊接操作时必须有良好的通风和排气设备，以免有害气体引起中毒。

6）工作地周围不得有易燃易爆物品，以免引起火灾。

7）工件焊接完后不准直接用手拿。

8）工作完成后要关掉焊机电源开关，清理场地。

2. 气焊（气割）实习安全操作规程

（1）气瓶

1）操作人员应站在瓶口侧面，慢慢打开氧气阀门，吹净口内的灰尘，再安装好减压器。

2）氧气瓶要远离高温和易燃易爆物品，夏天要防止暴晒。

3）不得用沾有油污的工作服、手套和工具去接触氧气瓶及其附件。

4）冬天阀门冻结，只能用热水或蒸汽解冻，严禁用明火或红铁烘烤或敲击。

5）氧气不能全部用完，要留有 1~2 个大气压。

6）氧气瓶与电焊一起使用时，应防止氧气瓶带电。

7）氧气瓶应定期做技术检验。

（2）乙炔瓶

1）乙炔瓶不能受剧烈的振动、碰撞或下墩，以免填料下沉形成空间。

2）乙炔瓶使用时只能直立，不能卧放，以防丙酮流出，引起燃烧爆炸。

3）表面温度不能超过 40℃，温度过高会降低乙炔在丙酮中的溶解度，使瓶内乙炔压力急剧增高。

4）乙炔减压器与瓶阀的连接必须可靠，严禁在漏气情况下使用。

5）乙炔瓶内的乙炔不能全部用完，要留有 1~2 个大气压，并将瓶阀关紧，防止漏气。

（3）减压器

1）安装减压器前要略微打开氧气阀门，吹除污物，以防灰尘和水分进入减压器内。

2）打开氧气阀门前，要预先将减压器调解螺栓旋松，防止高压气体损坏低压表。

3）减压器不得沾染油脂污物。

4）减压器解冻只能用热水或蒸汽化冻，不能烘烤。

5）工作中发现减压器不正常，如漏气、指针爬高或不能退回零位，应停止使用，进行维修。

6）氧气减压器和乙炔减压器不能换用。

提示

1）严禁在车间内打闹。一些不经意的恶作剧或玩笑可能会给你和他人带来严重的伤害。

2）如果在实习时不慎受伤，应尽快向实习教师报告，不要擅自处理。

项目实施

安全文明实习是现场管理的一项十分重要的内容，它直接影响产品质量的好坏，影响设备和工具、夹具、量具的使用寿命，影响操作工人技能的发挥。所以从开始学习基本操作技能时，就要重视培养文明生产的良好习惯。

1. 焊条电弧焊的电源、用具

（1）电焊机　电焊机是焊条电弧焊的主要设备，它为焊接电弧提供电源。常用的电焊机分为直流和交流两大类。图4-1所示是几种常见的电弧焊设备。

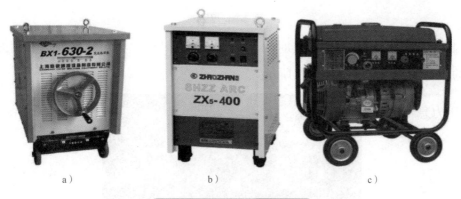

图 4-1　常见的电弧焊设备

a）弧焊变压器　b）弧焊整流器　c）直流弧焊发电机

1）交流弧焊变压器（图4-1a）。输出的焊接电流为交流电。它具有结构简单、制造方便、成本低廉、使用可靠和维修方便等优点，因而应用普遍，为焊接低碳钢焊件的设备。

2）弧焊整流器（图4-1b）。用整流器将交流电整流成直流电作为焊接电源，具有噪声小、空载损耗小、成本低、制造和维修容易等优点，其应用已日趋普及。

3）直流弧焊发电机（图4-1c）。它由一台交流电动机和一台直流发电机组成，电动机带动发电机工作而形成直流焊接电源。

弧焊发电机能获得稳定的直流电，因此引弧容易，电弧稳定，但运转时噪声大、空载损耗大，且结构复杂、造价高、易损坏、维修较困难，因此已逐渐被弧焊整流器所替代。

（2）焊接电缆　用以实现焊钳、焊件对焊接电源的连接，并传导焊接电流。电缆外表应有良好的绝缘层，不允许导线裸露。电缆外皮若有破损，应用绝缘胶布包好，以防破损处引起短路或发生触电等事故。

（3）焊钳　焊钳是夹持焊条并传导电流以进行焊接的工具，如图4-2所示。焊钳必须严格绝缘。

图4-2　焊钳

（4）面罩　面罩是防止焊接时的飞溅、弧光及其他辐射对焊工面部和颈部造成损伤的一种遮盖工具，如图4-3所示。

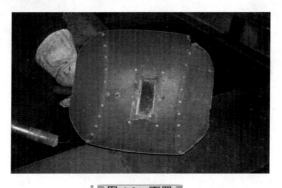

图4-3　面罩

（5）辅助工具 常用的有敲渣锤、扁錾、钢丝刷等，用于清除焊件上的铁锈和焊渣。

其他劳动保护用品还有焊工手套、护脚等。

2. 气焊（气割）的气体、设备和用具

（1）氧气和乙炔 气焊常用的可燃气体是乙炔（C_2H_2），使用的助燃气体是氧气（O_2）。

氧气是助燃剂，与乙炔混合燃烧时，能产生大量的热量。氧气在高压下遇到油脂有爆炸的危险，所以一切有高压氧气通过的器件、管道等，不允许沾染油脂。

乙炔是可燃气体，无色。乙炔与氧混合燃烧时，火焰温度高达3300℃，因此氧乙炔焰是气焊、气割最常用的热源。

乙炔与空气或氧气混合达到一定浓度比例时，遇明火或高温均能发生燃烧甚至爆炸，因此使用乙炔应保证车间、厂房通风并注意安全。

（2）氧气瓶 氧气瓶是储存高压氧气的圆柱形容器，外表涂装成天蓝色作为标志，最高压力为14.7MPa，容积约40L，储气量约6m^3，如图4-4所示。

图4-4 氧气瓶

氧气瓶属于高压容器，有爆炸危险，使用中必须注意安全。搬运时应避免剧烈振动和撞击。夏日要防止暴晒；冬天若阀门结冰应用热水化冻，严禁烘烤。

焊接操作中氧气瓶距明火或热源距离应在5m以上。瓶中氧气不允许全部用完，余气的表压应保持在98~196kPa，以防瓶内混入其他气体而引起爆炸。

（3）溶解乙炔气瓶 溶解乙炔气瓶是储存及运输乙炔的专用容器，外表涂装成白色，并用红漆在瓶体标注"乙炔"字样。乙炔瓶的最高压力为1.47MPa，如图4-5所示。

图4-5 乙炔气瓶

乙炔气瓶在搬运、装卸、使用时，均应竖立放稳，严禁在地面卧放。使用乙炔时，必须经减压器减压，严禁直接使用。

（4）减压器 减压器是将高压气体降压为低压气体的调节装置，其作用是将气瓶中流出的高压气体的压力降低到需要的工作压力，并保持压力的稳定，如图4-6

所示。

图 4-6　减压器

a）氧气减压器　b）乙炔减压器

（5）焊炬　焊炬是气焊时用于控制火焰进行焊接的工具。其作用是使氧气与可燃气体按一定比例混合，再将混合气体喷出燃烧，形成稳定的火焰。射吸式焊炬如图 4-7 所示。

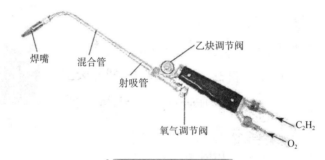

图 4-7　射吸式焊炬

（6）割炬　割炬是气割的主要工具，可以安装和更换割嘴，以及调节预热火焰气体的流量和控制切割的氧气流量，其原理与焊炬原理相同。射吸式割炬如图 4-8 所示。

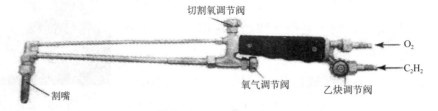

图 4-8　射吸式割炬

项目总结

本项目主要目的是在熟悉安全生产操作规程、场地、设备和用具之后，能够正确地进行安全文明生产操作。

项 目 评 价

项目评价表见表 4-1。

表 4-1　焊工的安全文明操作规程项目评价表

序号	工 作 内 容		配　分	完 成 情 况	自 评 分
1	熟悉安全操作规程		30		
2	培养文明生产习惯	操作前	15		
		操作中	15		
		操作后	15		
3	职业素质		15		
4	安全文明操作		10		
5	教师评价	存在的问题： 改进措施： 指导教师：　　　　　年　　月　　日			

项目二　焊条电弧焊

学 习 目 标

焊条电弧焊是焊接生产中最普遍应用的一种方法，其设备简单，操作方便、灵活，能适应于各种条件下的焊接。

本项目是进行焊条电弧焊训练，学生应了解焊条电弧焊的基本操作方法，会进行简单工件的焊接。

项 目 描 述

将一块尺寸为 30mm × 50mm × 10mm 的钢板焊接到一块较大的钢板上，如图 4-9 所示。

了解焊条电弧焊的设备操作、维护的一般方法，焊条的组成及作用；熟悉焊条电弧焊的常用工艺方法。操作中应注意人身和设备安全。

图 4-9　焊接钢板

知 识 链 接

焊接工件首先要选择焊条，下面简单介绍焊条的相关知识。

1. 焊条的组成

焊条是供焊条电弧焊用的熔化电极，由焊芯和药皮两部分组成，如图4-10所示。

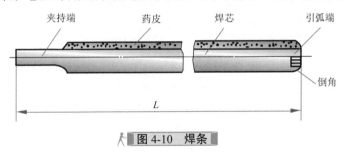

图4-10　焊条

2. 焊条的分类、型号

（1）焊条的分类　焊条的分类方法有很多，按用途不同，焊条分为碳钢焊条、低合金钢焊条、不锈钢焊条、铸铁焊条、堆焊焊条、镍和镍合金焊条、铜和铜合金焊条、铝和铝合金焊条等；按照焊条药皮中氧化物的性质，焊条可分为酸性焊条和碱性焊条两类。

酸性焊条熔渣中酸性氧化物（如 SiO_2、TiO_2、Fe_2O_3）的比例较高，具有电弧稳定、熔渣飞溅小、易脱渣、流动性和覆盖性较好等优点。因此焊缝美观，对铁锈、油脂、水分的敏感性不大。但焊接时对药皮中的合金元素烧损较大，抗裂性较差，一般适用于焊接低碳钢和不重要的结构件。

碱性焊条熔渣中碱性氧化物（如 CaO、FeO、MnO_2、Na_2O）的比例较高，具有电弧不够稳定、熔渣的覆盖性较差、焊缝不美观、焊前要求清除焊件上的油脂和铁锈等缺点。但碱性焊条焊缝金属中锰含量比酸性焊条高，有害元素比酸性焊条少，所以碱性焊条焊缝的力学性能比酸性焊条的好。因为碱性焊条的脱氧去氢能力较强，焊接后焊缝的质量较高，适用于焊接重要的结构件。

（2）焊条的型号　焊条型号的编制方法按国家统一标准，根据 GB/T 5117—2002《非合金钢及细晶粒钢焊条》规定，常用的碳钢焊条型号用字母"E"表示焊条类型，此后的前两位数字表示熔敷金属抗拉强度的最小值（单位为MPa），第三位数字表示焊条的焊接位置，第三位和第四位数字组合表示焊接电流种类及药皮类型。例如，E4303表示焊缝金属的抗拉强度 $R_m \geqslant 430MPa$，适用于全位置焊接，药皮类型是钛钙型，电流种类是交流或直流正、反接。

3. 焊条的选用原则

（1）根据焊件的力学性能和化学成分　焊接低碳钢或低合金钢时，一般都要求焊缝金属与母材等强度；焊接耐热钢、不锈钢等，主要考虑熔敷金属的化学成分与母材相当。

（2）根据焊件的结构复杂程度和刚性　焊接形状复杂、刚性较大的结构及焊接承受冲击载荷、交变载荷的结构时，应选用抗裂性好的碱性焊条。

（3）根据焊件的工艺条件和经济性　焊接难以在焊前进行表面清理的焊件时，可采用对锈、氧化物和油敏感性较小的酸性焊条；在满足使用性能要求的前提下，尽量选用高效率、价格低廉的焊条，如酸性焊条。

此外，焊条还要根据生产率、劳动条件、焊接质量等选用。

项目实施

1. 焊条电弧焊的安全技术

（1）防止触电

1）焊前检查焊机接地是否良好。

2）焊钳和电缆的绝缘必须良好。

3）不准赤手接触导电部分。

4）焊接时应站在木垫板上。

（2）防止弧光伤害和烫伤

1）穿好工作衣、裤、鞋，女同学戴女工帽。

2）焊接时必须用面罩，穿围裙、护袜，戴电焊手套。要挂好布帘，以免弧光伤害他人。

3）除渣时要防止焊渣烫伤脸和眼。

4）工件焊后只许用火钳夹持，不准直接用手拿。

（3）保证设备安全

1）线路各连接点必须紧密接地，防止因松动接触不良而发热。

2）焊钳任何时候都不得放在工作台上，以免短路烧坏焊机。

3）发现焊机或线路发热烫手时，应立即停止工作。

4）操作完毕或检查焊机及电路系统时必须断电。

5）焊接时周围不能有易燃易爆物品。

2. 焊接接头形式

接头形式是指零件（焊件）连接处所采用的结构方式。在焊条电弧焊中，常用的焊接接头形式有对接接头、角接接头、T形接头和搭接接头，如图4-11所示。

本次实训操作采用搭接接头，如图4-11d所示。

149

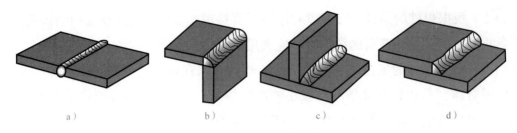

图 4-11 焊接接头形式

a）对接接头 b）角接接头 c）T形接头 d）搭接接头

3. 操作步骤（图 4-12）

1）准备材料（30mm×50mm×10mm 的钢板），清理待焊部位，对焊条进行烘干处理。

2）焊接前将焊钳 3 和焊件 1 分别连接焊机 4 输出端的两极，并用焊钳夹持焊条 2。

3）戴上焊接面罩。

4）将焊条的末端与焊件表面接触形成短路，然后迅速将焊条提离焊件表面

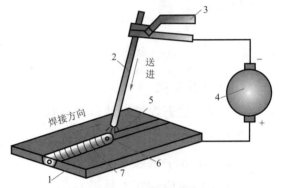

图 4-12 焊条电弧焊焊接过程

1—焊件 2—焊条 3—焊钳 4—电焊机
5—焊接电弧 6—熔池 7—焊缝

至一定距离（2~4mm），在焊条和焊件之间引燃焊接电弧 5，电弧的热量将焊条和焊件被焊部位熔化形成熔池 6。

引弧的操作方法有直击法和划擦法两种，如图 4-13 所示。

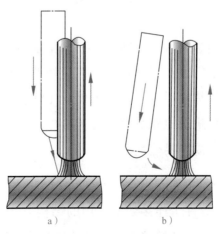

a）　　　　　　　　b）

图 4-13 引弧的方法

a）直击法 b）划擦法

电弧引燃后，应控制焊条末端与焊件表面之间的距离并保持不变，以保证电弧稳定燃烧。距离太大，会因焊条与焊件间气体不能电离而导致熄弧；距离太小，则会引起短路。

5）电弧引燃后，开始进入正常的焊接过程，用手工操作实现焊条在三个方向的运动，如图4-14所示。

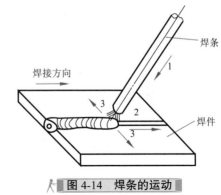

图4-14 焊条的运动

1—焊条送进运动 2—焊条沿焊接方向移动 3—焊条的横向摆动

①焊条送进运动。焊接时，焊条因被电弧熔化而变短，为保持焊条与焊件表面之间的距离不变，焊条必须做向焊件的送进运动，以免因距离增大而造成电弧熄灭。

②焊条沿焊接方向移动。焊接方向是指焊接热源沿焊缝长度增加的移动方向。为了完成整条焊缝的焊接，焊条应沿焊缝长度增加方向均匀移动。

③焊条的横向摆动。为了获得一定宽度的焊缝，焊条必须做横向摆动。焊条的摆动还能促使熔池中熔渣和气体浮出，改善焊缝质量。图4-15所示为常用的几种焊条做横向摆动的形式。

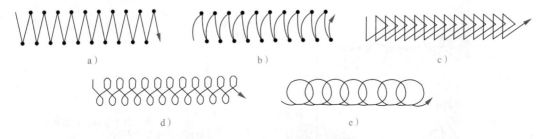

图4-15 焊条做横向摆动的形式

a）锯齿形 b）月牙形 c）三角形 d）"8"字形 e）环形

三个方向的动作必须协调一致，根据焊缝的空间位置和接头形式，采用适当的运条操作，才能获得符合要求的焊缝。

焊条沿焊接方向移动，新的熔池不断形成，而原先的熔池液态金属不断冷却凝固，形成焊缝7（图4-12），使焊件连接在一起。

6）操作完毕，关闭电源。

7）冷却后，清理焊渣。

项目总结

本项目介绍焊条电弧焊的基本操作方法，包括焊条电弧焊的安全技术知识、焊接接头形式和焊条的种类及应用。

知识拓展

常见的焊缝缺陷、特征及其产生原因见表4-2。

表 4-2　常见的焊缝缺陷、特征及其产生原因

缺陷种类	图　　示	特　　征	产 生 原 因
焊瘤		焊缝边缘上存在多余的未与焊件熔合的堆积金属	焊条熔化太快，电弧过长，运条不正确，焊速太慢
夹渣		焊缝中部分地存在焊渣	施焊中焊条未搅拌熔池，焊件不洁，电流过小，焊缝冷却太快，多层焊时各层焊渣未除干净
咬边		在焊件与焊缝边缘的交界处有小的沟槽	电流太大，焊条角度不对，运条方法不正确，电弧过长
裂缝		在焊缝与焊件表面或内部存在分裂金属组织的缝隙	焊件碳、硫、磷含量高，焊缝冷却太快，焊接应力过大，焊接程序不正确
气孔		焊缝的表面或内部存在气泡	焊件不洁，焊条潮湿，电弧过长，焊速太快，电流过小，焊件碳含量高
未焊透		熔敷金属和焊件之间的局部未熔合	焊接间隙太小，坡口太小或钝边太大，运条太快，电流过小，焊条未对准焊缝中心，电弧过长

项目评价

项目评价表见表 4-3。

表 4-3　焊条电弧焊项目评价表

序号	项目任务		配分	评分标准	自　评	得　分
1	焊接电流选择和起动焊机		20	能正确选择焊接电流得 10 分		
				能正确起动焊机得 10 分		
2	引弧		15	引弧正确得 10 分，若焊条粘在钢板上，扣 5 分		
3	焊缝的外观质量要求		25	焊缝表面无焊接缺陷得 25 分，若有气孔、夹渣、未焊透、咬边、裂缝等焊接缺陷，每个缺陷扣 3 分，以上任何一项超过双面累计 3 处视为不合格		
4	职业素质	团队合作	5	有违反规定的行为视情节严重程度扣 1~5 分		
		遵守纪律	5	有违反规定的行为视情节严重程度扣 1~5 分		
		迟到早退	5	有迟到早退现象扣 5 分		
5	文明操作		5	操作后清理现场得 5 分，否则扣 5 分		
6	安全防护正确		10	操作前穿戴好劳保用品（电焊手套、焊接面罩等）得 5 分		
				工作前，检查工作台及周围安全环境，若有隐患，应及时清理后方工作得 5 分，未清理扣 5 分		
7	时间		10	操作时间 20 分钟，按时完成得 10 分，超时按每分钟扣 1 分，扣完为止		
自评总分						
教师评价						
				得分：		

参考文献

[1] 人力资源和社会保障部教材办公室.机械制造工艺基础[M].6版.北京：中国劳动社会保障出版社，2011.

[2] 人力资源和社会保障部教材办公室.金属材料与热处理[M].6版.北京：中国劳动社会保障出版社，2011.

[3] 人力资源和社会保障部教材办公室.高级车工工艺与技能训练[M].2版.北京：中国劳动社会保障出版社，2012.

[4] 丁宏伟.汽车材料[M].2版.北京：中国劳动社会保障出版社，2014.

[5] 人力资源和社会保障部教材办公室.极限配合与技术测量基础[M].4版.北京：中国劳动社会保障出版社，2011.

[6] 人力资源和社会保障部教材办公室.金属切削原理与刀具[M].4版.北京：中国劳动社会保障出版社，2011.

[7] 人力资源和社会保障部教材办公室.机械基础[M].5版.北京：中国劳动社会保障出版社，2011.